高等职业教育餐旅管理与服务类专业教材系列

西餐烹调工艺与实训

牛铁柱　林　粤　周桂禄　主编

U0364919

科学出版社

北　京

内 容 简 介

本书由学校与企业、行业协会共同出题、研究、编写而成，打破了传统的编写形式，从企业岗位能力培训入手，以各岗位工作职责为依托，以工作任务为载体，以西餐烹调基本功训练的内容为重点进行构思。

全书在编写上，突出体现学生的职业能力与企业岗位的相适应，以学校教学实训和企业实习实训为主要训练形式，将学习过程与实践训练融为一体，凸显企业岗位实用型人才训练方式的创新性。本书力求通过科学、系统的教学内容及形式多样的教学方法，培养高素质、高技能的一线烹饪操作人才。同时还结合行业发展的现状，有针对性地进行校内外烹饪教学训练，使学生全面、熟练掌握烹调基本功综合技能，并可以创新产品，为社会和企业服务，也可以与国际烹饪技术接轨。

本书可作为高等职业院校烹饪专业的教材，也可供从业人员参考。

图书在版编目（CIP）数据

西餐烹调工艺与实训/牛铁柱，林粤，周桂禄主编. —北京：科学出版社，2013

（高等职业教育餐旅管理与服务类专业教材系列）

ISBN 978-7-03-037973-3

Ⅰ.①西… Ⅱ.①牛… ②林… ③周… Ⅲ.①西餐-烹饪-高等职业教育-教材 Ⅳ.①TS972.118

中国版本图书馆 CIP 数据核字（2013）第 135985 号

责任编辑：王彦刚　周　恢／责任校对：王万红
责任印制：吕春珉／封面设计：东方人华平面设计部

科 学 出 版 社 出版
北京东黄城根北街 16 号
邮政编码：100717
http://www.sciencep.com
新科印刷有限公司 印刷

科学出版社发行　各地新华书店经销

*

2013 年 6 月第 一 版　　开本：787×1092 1/16
2022 年 1 月第六次印刷　　印张：10 1/2
字数：249 000

定价：32.00 元

（如有印装质量问题，我社负责调换〈新科〉）

销售部电话 010-62134988　编辑部电话 010-62135397-2021（VP02）

前　言

　　教材是体现教学内容和教学方式的载体，是把教育思想、宗旨等转变为具体教育现实的中介，是教学改革成果的结晶，也是教学改革的一个重要方面。教材建设不仅是高职院校重要的基本建设之一，也是深化教学改革，提高教学质量的保证。

　　本书在编写上，重点考虑了学生的能力条件，以配合学校教学实训和企业实习实训为主要训练形式，融学习过程与实践训练为一体，培养与企业烹饪岗位相适应的技术实践能力。

　　本书共分七章，主要内容如下。

　　第一章：西餐概论，主要介绍了西餐相关知识和西餐市场发展趋势，确定学习内容和方向。

　　第二章：西餐基础知识，主要介绍了西餐菜式、烹调原理、常用原料和中文菜名英译训练等。

　　第三章：西式厨房认识，重点是烹调导热方式、岗位职责、设备卫生管理和具备合作能力等。

　　第四章：西餐基本功训练，重点是持刀磨刀、营养配菜、火候鉴别、装盘、职业体能训练等。

　　第五章：西餐热菜烹调工艺，重点是工艺技法、流程、热菜实训、酒店实习和岗前训练菜等。

　　第六章：西餐冷菜制作与训练，重点是岗位工作流程、制作能力训练、训练内容与考核等。

　　第七章：西式点心制作与训练，重点是蛋糕制作工艺与训练、影响蛋糕质量的因素分析等。

　　本书具体编写分工如下：第一章由牛铁柱、史汉林、周桂禄、杨泽利编写，第二章由牛铁柱、林粤、丁辉、王骏、郭成月编写，第三章由牛铁柱、周桂禄、郝序杰、戚其选编写，第四章由牛铁柱、袁林、崔春立编写，第五章由牛铁柱、史汉林、林粤、戚其选、孙静雨编写，第六章由牛铁柱、陈诚、王勇编写，第七章由牛铁柱、王晶星、江月明、牛杰编写。

　　感谢中国烹饪协会及企业专家：高炳义、桑建、王嘉启、侯德成、白庆华、刘立新、邵杰、赵泽瀛等专家对教材在工学设计上的指导，感谢全国烹饪教育专家：杨理连、徐明、梁爱华、孙科祥、吴永杰、邵万宽、郝序杰、崔春立、张留所、冯智雄、段建珍、张红专等专家对稿件的审阅和指导。

　　由于编者水平有限，书中不足之处在所难免，恳请广大读者提出宝贵意见。

目　　录

第一章 西餐概论

学习目标: 通过本章课程学习，使学生了解和掌握西餐烹饪的相关知识，尤其是西餐文化概述、西餐的构成体系、西餐市场的发展趋势等，确定西餐专业研究对象和学习方向。

第一节 西餐概念及分类

西餐是我国人民对西方国家菜点的统称，也可以说是对西方餐饮文化的统称。我们所说的"西方"，习惯上是指欧洲国家和地区，以及由这些国家和地区为主要移民的北美洲、南美洲和大洋洲的广大区域，因此西餐主要指代的是以上区域的餐饮文化。

西方人把中国的菜点叫作"中国菜"（Chinese food），把日本菜点叫作日本料理，韩国菜叫作韩国料理，西方人不会笼统地将所有的东方菜看称为东方菜，而是依其国名具体而命名之。实际上，西方各国的餐饮文化都有各自的特点，各个国家的菜式也都不尽相同，如法国人会认为他们做的是法国菜、英国人则认为他们做的菜是英国菜。西方人自己并没有明确的"西餐概念"，这个概念是中国人和其他东方人的概念。

那么，为什么会有这样的概念呢？这是因为我们在刚开始接触西方饮食时还分不清什么是意大利菜，什么是法国菜和英国菜，只能有一个笼统的概念。当时我国就笼统地称其为"番菜"，"番"即西方的意思。我国古人常常以为中国就是世界的中心，把东方称为"夷"、西方称为"番"、北方称为"胡"、南方则称为"蛮"。因此，所谓的"番菜"指的就是西餐。

西餐泛指中式餐饮之外的所有餐饮，而传统意义上的西餐特指美国、法国和英国等国家的餐饮，并不包括现代意义上的日本料理、韩国料理及拉美餐饮等。本文仅就传统意义上的西式正餐项目进行阐述，下面对现代西餐及西式快餐、酒吧休闲和中西混合餐饮等进行全面的西餐分类，如图 1.1 所示。

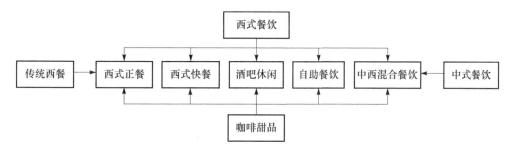

图 1.1 西餐分类

第二节　西餐发展简史

据史料记载，公元前 5 世纪，在古希腊的西西里岛上就出现了烹饪文化。当时很讲究烹调方法，煎、烤、焖、蒸、煮、熏等烹调方法均已出现，同时技术高超的名厨很受社会的尊敬。许多王公贵族在自己家中试做调味品，每种调味品都由多种原料复合而成。例如，由蛋黄、素油、柠檬、胡椒粉、芥末等调和而成的调味品，就是当今所用的马乃司，类似的调味品多达数十种。有的贵族还用本家族的名字作为调味品的名称，以显示自己门第的权威。但人们的用餐方法仍是抓食为主，西餐餐桌上的刀、叉、匙都是由厨房用的工具演变而来的。厨房的菜刀，最早可追溯到石器时代。15 世纪时出现了餐桌共用餐刀。个人用的餐刀大约出现在 17 世纪。那时的餐刀头尖如匕首。据说法国红衣主教黎希留，看到有的就餐者在宴会上用餐刀尖剔牙，觉得很不雅观。于是他便下令将餐刀尖改为圆形，后来圆头形餐刀一直沿用到现在。勺子作为厨房用具，在远古时期早已被人使用，作为餐桌上用的汤匙也是在 17 世纪出现的。至于茶匙，是红茶传入欧洲时的产物。大叉子原来只在厨房使用，10 世纪拜占庭时期，餐桌上曾出现过较小型的银质叉子，但只是昙花一现，直到 1894 年，英国水兵还不许使用餐叉和匙，据说使用这些餐具不像男子汉。

12 世纪，意大利女子凯瑟琳·德麦迪西嫁给了法皇亨利二世，从而把罗马的饮食文化带到了法国，法国人融会了两国的精华，从此奠定了法国饮食文化的基础。后又经路易十四、路易十五的提倡，得到了更大的发扬。

15 世纪中叶是文艺复兴时期，饮食同文艺一样，以意大利为中心发展起来，在贵族举行的宴会上涌现出各种名菜、细点。驰名世界的空心面就是那时出现的。

16 世纪初中叶，法国安利二世王后卡特利努·美黛希斯，喜欢研究烹调方法，她从意大利雇用了大批技艺高超的烹调大师，在贵族中传授烹调技术，这样不仅使宫廷、王府的菜点质量显著提高，同时还使烹饪技法广为流传，促使法国的烹饪业迅速发展起来。与此同时，她为了改变不文明的用餐陋习，还明文规定了用餐规则，如用手抓食、舔手或用上衣擦手都是不文明行为，只有用桌布擦手才有礼貌。

法国有位叫蒙得弗德的人，举行宴会时，为了让客人预先知道全宴席的菜品，他让管家在宴会前用羊皮纸写好菜名，放置在每个座位前。据说这是西餐菜谱的开始。在这期间，伟大的艺术家达·芬奇的油画杰作《最后的晚餐》如实地描绘了餐桌上有面包、仔牛肉、冷盘、葡萄酒、餐刀及玻璃杯等物。这是当时基督教欢度复活节的圣餐场面。这个场面已经大体具备了现代西餐的雏形。

1638~1715 年，因讲究饮食而被人称为美食家的法国国王路易十四在宫廷中发起了烹饪大赛，优胜者发奖章及奖赏，从而推动了烹饪业的蓬勃发展，一时间宫廷内佳肴美馔送出，使法国的饮食获得了空前的发展，涌现出众多出色的厨师，他们编写各种烹饪书籍，统一称谓，规定标准，从此，烹饪技术就成了一种专门的学问，影响遍及欧洲各国。当时研制出来的菜称为宫廷菜，独成一系，在宫廷举行宴会时，一餐往往达 64 种之多。在宫廷的影响下，上层社会盛行大摆宴席之风，当时的菜单上已有冷盘、汤、肉食、禽类、水果、点心之类。品种花样已有现代西餐的眉目，从此西餐逐步趋于完整。

1765 年，由于宫廷和上层社会的烹调热，直接推动了整个社会的烹饪业的发展，在法国的社会上出现了餐厅。1789 年，法兰西革命后，对一般顾客的餐厅像雨后春笋般地发展起来。供餐形式是采取每人一份的方法。不久出现了零点菜谱，但只是简化了的宫廷菜。

自从 6 世纪哥伦布发现新大陆之后，西方出现了航海热，世界各地的食品先后传入欧洲。到了 16 世纪，中国和印度的茶叶、阿拉伯的咖啡，成为欧洲人的必备饮料。逐渐瓷制餐具普及全欧。18 世纪中叶用于西餐餐桌的瓷器餐具普及于欧洲。

19 世纪初叶，餐桌上的礼仪大致与现在相同。第二次世界大战以后，才出现了许多新的餐具，而且配套成龙，并有着严格的摆放及使用方法。在中国青花瓷传入欧洲之前，西餐中使用的用具只有金属器、玻璃器和软质陶器。中国青花瓷的淡雅、精美，引起了欧洲人的喜爱，于是欧洲人便开始了瓷器的研制。

第三节　西餐的构成体系

西餐主要菜式可分为法式、意式、英式、美式、俄式、德式等。

一、西菜之首——法式大餐

法国人一向以善于吃并精于吃而闻名，法式大餐至今仍名列世界西菜之首。法式菜肴的特点是：选料广泛，如蜗牛、鹅肝都是法式菜肴中的美味，加工精细，烹调考究，滋味有浓有淡，花色品种多；法式菜还比较讲究吃半熟或生食，如牛排、羊腿以半熟鲜嫩为特点，海味的蚝也可生吃，烧野鸭一般六成熟即可食用等；法式菜肴重视调味，调味品种类多样。用酒来调味，什么样的菜选，用什么酒都有严格的规定，如清汤用葡萄酒，海味品用白兰地酒，甜品用各式甜酒或白兰地等；法国菜和奶酪，品种多样。法国人十分喜爱吃奶酪、水果和各种新鲜蔬菜。

法式菜肴的名菜有马赛鱼羹、鹅肝排、巴黎龙虾、红酒山鸡、沙福罗鸡、鸡肝牛排等。

二、西菜始祖——意式大餐

意式菜肴的特点：原汁原味，以味浓著称。烹调注重炸、熏等，以炒、煎、炸、烩等方法见长。意大利人喜爱面食，做法吃法甚多。其制作面条有独到之处，各种形状、颜色、味道的面条至少有几十种，如字母形、贝壳形、实心面条、通心面条等。意大利人还喜食意式馄饨、意式饺子等。

意式菜肴的名菜有通心粉素菜汤、焗馄饨、奶酪焗通心粉、肉末通心粉、比萨饼等。

三、家庭美肴——英式西餐

英国的饮食烹饪有家庭美肴之称。英式菜肴的特点是油少、清淡，调味时较少用酒，调味品大都放在餐台上由客人自己选用。烹调讲究鲜嫩，口味清淡，选料注重海鲜及各式蔬菜，菜量要求少而精。英式菜肴的烹调方法多以蒸、煮、烧、熏见长。

英式名菜有鸡丁沙拉、烤大虾苏夫力、薯烩羊肉、烤羊马鞍、冬至布丁、明治排等。

四、营养快捷——美式西餐

美国菜是在英国菜的基础上发展起来的，继承了英式菜简单、清淡的特点，口味咸中带甜。美国人一般对辣味不感兴趣，喜欢铁扒类的菜肴，常用水果作为配料与菜肴一起烹制，如菠萝焗火腿、菜果烤鸭。喜欢吃各种新鲜蔬菜和各式水果。美国人对饮食要求并不高，只要营养快捷。

美国人在吃午餐和吃晚餐之前，通常要喝点鸡尾酒，但在加利福尼亚州，人们大都喝葡萄酒。同时，在吃主食之前，一般都要吃一盘色拉。炸蘑菇和炸洋葱圈可作为开胃食品，牛排、猪排和鸡（腿）为主食，龙虾、贝壳类动物以及各种鱼类，甚至包括淡水鱼被统称为海鲜。炸土豆条则是深受人们喜爱且几乎成了必不可少的食物。另外，应非凡注重的一点，如有吃剩的食物，一定要打包带回家，以免浪费。美国人在吃饭的时候是刀叉并用，而且他们的用餐方式也是很有讲究的。因此，在应邀与美国朋友一起吃饭时，应注重他们的用餐习惯。一般情况下，餐桌上摆放有一幅餐刀和两幅餐叉，外边的餐叉供你吃色拉，里边的餐叉用于吃主食和其他点心食品，餐刀用来切肉食。假如你两手并用，应左手握叉，右手握刀，而且一次握刀时间不能太长。美国人的早餐有炒或煮鸡蛋、香肠、油炸土豆片、薄煎饼、果子冻、烤面包、松饼、橘子汁及咖啡等。

美式菜肴的名菜有烤火鸡、橘子烧野鸭、美式牛扒、苹果沙拉、糖酱煎饼等。

五、西菜经典——俄式大餐

沙皇俄国时代的上层人士非常崇拜法国，不仅以讲法语为荣，而且饮食和烹饪技术也主要学习法国。但经过多年的演变，特别是俄国地带，食物讲究热量高的品种，逐渐形成了自己的烹调特色。俄国人喜食热食，爱吃鱼肉、肉末、鸡蛋和蔬菜制成的小包子和肉饼等，各式小吃颇有盛名。

俄式菜肴口味较重，喜欢用油，制作方法较为简单。口味以酸、甜、辣、咸为主，酸黄瓜、酸白菜往往是饭店或家庭餐桌上的必备食品。烹调方法以烤、熏腌为特色。

俄式菜肴在西餐中影响较大，一些地处寒带的北欧国家和中欧南斯拉夫民族人们日常生活习惯与俄罗斯人相似，大多喜欢腌制的各种鱼肉、熏肉、香肠、火腿以及酸菜、酸黄瓜等。

俄式菜肴的名菜有什锦冷盘、鱼子酱、酸黄瓜汤、冷苹果汤、鱼肉包子、黄油鸡卷等。

六、德式西餐

德式西餐在西餐中也占有相当的地位。其种类样式有咸的、烟熏的、酿馅的，有的加上芥末子，亦有用猪血做成的肉肠，真是不胜枚举，而这些肉类的制品大都是吃冷的。还有红烩牛肉卷及生的鞑靼牛排。德国菜以酸、咸口味为主，调味较为浓重。烹饪方法以烤、焖、串烧、烩为主。德式的汤一般比较浓厚，喜欢把原料打碎在汤里，这大概与当地天寒地冻的气候有关。据说德国人生性比较俭朴，水煮香肠，一锅浓浓的马铃薯豆子汤，加上有名的腌制酸菜和面包，一顿饭便打发了。

德国菜在材料上则较偏好猪肉、牛肉、肝脏类、香料、鱼类、家禽及蔬菜等；调味品使用大量芥末、白酒、牛油等，而在烹调上较常使用煮、炖或烩的方式。

第四节　中国西餐市场

随着现代社会的飞速发展，尤其是交通、传媒、通信的快捷便利，地球似乎变得越来越小了。东西方文化交流的日益广泛与深入，使得作为西方饮食文化主流的西餐也逐渐深入到普通百姓的生活中。由于西餐具有用料精细、菜肴香醇、营养搭配合理、烹制工艺简单独特等优点，受到我国大中城市广大消费者特别是年青人的喜爱。

一、中国西餐形成的主要原因

西餐行业迅速在国内兴起，是与庞大的消费市场紧密联系在一起的。西餐与中餐的就餐环境截然不同，中餐讲究的是热闹、喜庆，而西餐注重的是幽静、品位、私密。由于中式餐饮的文化重视参与，比较开放；西式餐饮的内涵关注形象，比较内敛。如果将中式餐饮和西式餐饮比作矛盾的两个方面，则两者既对立又统一，对立的是消费对象的不同，统一的是消费对象的融合。

西餐的饮食结构比较合理，菜品的营养搭配比较均衡，如像法国西餐，上菜程序及饮食搭配比较有利于人体的吸收，上菜流程依次设定为前菜、汤、主菜（包含鱼、水果、肉类、乳酪）、甜点、咖啡和水果，另外，根据情况的差异，还配有餐前酒、佐餐酒等；在配餐酒的选择上，可以根据不同的饮食对象选用不同的酒类，如吃海鲜时饮用白葡萄酒，而吃牛、羊肉则选用红葡萄酒等。综合西餐饮食结构和膳食搭配，无论是食品、原料本身的营养价值，还是菜品的营养搭配基本都能满足人们对合理膳食的要求。

我国对外开放形成了大量的商务往来，同时也促进了外国人来华经商、旅游和居住，增加了对西餐的需求。改革开放也使人们的消费观念发生了变化。有一部分人追求特殊的文化、高档的享受，于是西餐消费群出现了。生活水平的提高和支付能力的增加，促进了需求的多样化。中国的强大使海归人士也大量的增加，其生活习惯促成了西餐市场的发展等。

从以上几个方面可以看出，西餐业的兴起是整个社会改革开放的结果，因此只要改革开放不停步，西餐业的发展就会不断地深入。改革开放不断地扩大、不断地深入，必将会带来西餐业的大发展，它将把中国西餐业引进一个新的发展阶段。

二、我国西餐业的主要分布

1) 沿海发达城市受海外影响较大的地区。例如，广州、深圳、厦门、天津，特别是广州、深圳等地西餐发展非常快。

2) 受殖民地时期的遗留文化和生活习惯影响的地区。例如，上海、天津、大连、青岛，帝国主义列强和商人进入中国，带来了西餐文化，也给当地留下了部分西餐传统。

3) 经济发达、对外开放比较早的地区。例如江苏、浙江等地经济相对较发达，其对外开放的活动比较多，它们也引进了一些西方的生活习惯。

4) 旅游发达地区。例如，云南、广西、海南、西藏等地。旅游发达地区虽然偏远，但西餐发展很快。

这是目前西餐发展的一个分布状态，从这一分布可以看出，我国西餐主要的消费群体是近几年成长起来的，主要是人们支付能力的增加和消费观念的变化所致。应该把这种力量的生成看作一个开端，这种增长会随着社会整个大环境的不断变化发生裂变，会出现一个很大的突破。

三、目前西餐业的重要特征

西餐一进入中国，就以它的快速与丰富来表现自己。首先让大多数中国人接受西餐的还要归功于麦当劳和肯德基。麦当劳和肯德基用它自己特有的现代经营方式和理念很快在中国推广了西方饮食。麦当劳和肯德基最根本的东西还是西餐最基础的东西，而中国消费者接受了它。经过这些年的发展，我国的西餐已经呈多样化发展，国外的流行业态都能很快地进入到中国来。目前西餐业态主要分成以下几种形式。

第一种是西式正餐。西式正餐从它的服务到它的文化包装一直到它的菜品都有各自不同的体系，法餐、德餐、意餐等不同口味也有明显区别特色。

第二种是西式快餐。西式快餐以麦当劳和肯德基为主，包括比萨、主菜配饭、意面、日面等。

第三种是酒吧和咖啡厅。酒吧是一种以酒为主，配有简易食物，所以归为西餐业。目前咖啡厅分成两种形态，一种是以咖啡为主，稍带一些小点心；另外一种虽然叫咖啡厅，但实际上是一种有咖啡、茶、便餐的混合体。这是咖啡厅的一个早期形态，在中国可能会存在相当长的时间。

第四种是茶餐厅。茶餐厅是中国的一个特色，最早是从香港引进过来的，特点是可以让顾客在很西式的环境下吃有中式特点的东西，还有一些西式便餐。

第五种是日餐、韩餐、东南亚餐等。都是以具有非常浓厚的地域特色的文化包装和菜品口味，为消费者提供服务。多样化的、丰富多彩的西方饮食文化给中国消费者提供了一种与中国传统的饮食文化完全不同的享受。

四、西餐市场的发展趋势

西餐企业的发展将紧扣本地消费者生活水平，支付能力的提高和追求高品位生活群体的壮大。多样化仍然是业态发展主要方式。多样化的业态发展紧扣市场，更趋向于适应自己面对的消费群体，与各地消费群体生活水平的发展速度合拍。

西餐企业的品牌化是随着西餐业在中国的兴起而诞生的，它将随着西餐业的进步而完善、丰富并成熟。文化色彩更趋于潮流化和多元化。多元的文化色彩是基于西餐企业所出品的不同地方风格的菜品而展现的，为了区别于中餐和其他同类企业，西餐业将更加注重独特的文化色彩。

我国大量采用现代科技，成为餐饮现代化、标准化的"排头兵"。西餐业大量采用现代科技，从制作技术设备到酒水设备，从餐厅光照到装饰都成为餐饮现代化的排头兵。本土化西餐会成为相当长一个时期的主流。或许有些西餐店经营的产品不那么正宗，但对于多少代习惯中餐的人来说已是一大进步，"接受为好，适口者珍"。企业效益是从越来越多的喜爱、接受西餐的消费群中来的。

我国一批中餐企业转入到西餐行业，形成西餐投资和经营主体的多元化，随着西餐市场的蓬勃兴起和西餐经营所带来的丰厚回报，部分中餐经营者开始转向关注和投资西餐，会有相当一批成熟的中餐企业家开始经营西餐。西餐企业的竞争促进西餐业的发展。西餐企业数量的快速增加会使原本较为平静的西餐市场出现竞争的局面，而恰恰是这种自身的竞争会给西餐企业的经营、菜品、服务带来很大的推动。

我国更多的、正宗的西餐企业从本土化、大众化的西餐中诞生出来。如果说本土化西餐是一个过渡阶段的话，它将引导出一批有品位的正宗西餐消费者，根据目前市场消费分析，这批高端消费人群的出现不会太久。随之而来的是一批高档西餐企业的出现。

五、西餐业现阶段的发展特点

我国西餐业发展迅速、灵活多样、紧跟时代。西餐业发展迅速是指近几年西餐业在全国范围内发展明显快于以前；灵活多样是指西餐业中多种业态的出现，不拘泥于一种形式；紧跟时代就是西餐企业的产生适应了所在地区消费群的需求。经营管理者对现代科学经营理念的追求和对开办西餐企业因无经验而小心谨慎的态度；促进了对整个消费市场的调查，以及对自己企业的科学化的预测，促进了企业紧跟消费市场。

文化包装创造了重要的附加值。与中餐不同，西餐店的菜点品种并不多，不是靠品种繁多的菜点来吸引客人，而更重视营造一种文化。文化包装创造了丰厚的附加值。

标准化、规范化，代表了现代的经营理念。西餐店由于经营的特点，对标准化和规范化非常讲究，特别是一些连锁店，一建店就考虑了中心厨房、配送和产品标准化，减少了厨房的占地面积，保证了各店的出品品质一致，在经营上产生了非常好的效果。而且西餐的用品、灶具对于规范和标准要求很高，这样可以使西餐企业一起步就在一个很高的起点上。

品牌树立完整，颇具吸引力。不少西餐品牌生成不久就在消费群中树立了良好的影响，部分品牌还延伸进入食品及其他行业。卫生、安全吸引了高层次的消费。西餐企业从进货到厨房，从原料选择到制作，从营养搭配到出品大都遵循西方传统的卫生营养原则，加之烹炸类菜少，讲求原汁原味，对原料营养保存完好。突出卫生和安全原则也吸引着很多高层次消费群体。

第五节　自助餐的由来

自助餐（buffet）是起源于西餐的一种就餐方式。

厨师将烹制好的冷、热菜肴及点心陈列在餐厅的长条桌上，由客人自己随意取食，自我服务。这种就餐形式起源于公元 8～11 世纪北欧的"斯堪的纳维亚式餐前冷食"和"亨联早餐"。

相传这是当时的海盗最先采用的一种进餐方式，至今世界各地仍有许多自助餐厅以"海盗"命名。海盗们性格粗野，放荡不羁，以至于用餐时讨厌那些用餐礼节和规矩，只要求餐馆将他们所需要的各种饭菜、酒水用盛器盛好，集中在餐桌上，然后由他们肆无忌惮地畅饮豪吃，吃完不够再加。海盗们这种特殊的就餐形式，起初被人们视为是不文明的现象，但久而久之，人们觉得这种方式也有许多好处。

对顾客来说，用餐时不受任何约束，随心所欲，想吃什么菜就取什么菜，吃多少取多少；对酒店经营者来说，由于省去了顾客的桌前服务，自然就省去了许多劳力和人力，可减少服务生的使用，为企业降低了用人成本。因此，这种自助式服务的用餐方式很快在欧美各国流行起来，并且随着人们对美食的不断追求，自助餐的形式由餐前冷食、早餐逐渐发展成为午餐、正餐；由便餐发展到各种主题自助餐。例如，情人节自助餐、圣诞节自助餐、周末家庭自助餐、庆典自助餐、婚礼自助餐、美食节自助餐等；按供应方式，由传统的客人取食，菜桌成品发展到客前现场烹制、现烹现食，甚至还发展为由顾客自助食物原料，自烹自食"自制式"自助餐，可谓五花八门，丰富多彩。

随着西餐传到中国以后，自助餐的就餐方式自然随之带到我国。这种就餐方式最早出现在 20 世纪 30 年代外国人在中国开的大饭店里。在 20 世纪 80 年代后期，随着中国对外开放，新兴的旅游合资宾馆，酒店将自助餐推广到我国大众化餐饮市场，自助餐以其形式多样，菜式丰富，营养全面，价格低廉，用餐简便而深受消费者喜爱，尤其受青年、儿童的青睐。自助餐以其独特的魅力正在逐渐兴旺起来。

自助餐具有如下几条明显的优点。

1）可以免排座次减少精力。正规的自助餐，往往不固定用餐者的座次，甚至不为其提供座椅。这样一来，既可免除座次排列之劳，而且还可以便于用餐者自由地进行交际。

2）可以节省费用和时间。因为自助餐多以冷食为主，不提正餐，不上高档的菜肴、酒水，故可大大地节约主办者的开支，并避免了浪费。

3）可以各取所需自由活动。参加自助餐时，用餐者碰上自己偏爱的菜肴。只管自行取用就是了，完全不必担心他人会为此而嘲笑自己。

4）节约成本可以招待多人。每逢需要为众多的人士提供饮食时，自助餐不失为一种首选。它不仅可用以款待数量较多的来宾，而且还可以较好地处理众口难调的问题。

课外知识

天津起士林西餐大饭店

天津起士林大饭店始建于 1901 年，由德国人阿尔伯特·起士林以自己的名字创办，至今已有百年历史。天津起士林大饭店现有的营业和生产面积为 4800 平方米。在北戴河还有 8000 平方米的分店,并设有别墅式的客房。

起士林大饭店主要生产经营德、俄、英、法、意五国风味的西式大菜、西点、面包、糖果、饼干、咖啡、冷食等七大系列,共计千余品种。天津起士林大饭店曾接待过许多党和国家领导人、外国政要和 100 多个国家的外交使节、政府官员和国际友人。

百年老店起士林,在传承西餐文化与经典菜品中,不断自我发展和创新,品牌影响力不减当年,并创造和追求西餐业内的几个之最:历史文化最悠久、西餐店面规模最大、追求最高品位档次和最优质服务水平的西餐厅。在餐饮业快速发展的潮流中,西餐新势力的不断涌入,却难以撼动起士林的领衔位置。随着天津经济地位的确定和滨海新区的成熟发展,跨国企业纷至沓来,对西餐业的高档需求显现出来,起士林的品牌效应得以更大的发挥空间。另外,地处小白楼高档商务区,奢侈品百货业跻身其中,再次锁定了该地区的消费定位。环境的变化催使百年老店不惜重金再次提升,以适应新的消费潮流。

天津起士林一楼接待大厅有奢华精致的西班牙米黄大理石地面,设计完美的弧形楼梯,高雅舒适的欧式沙发与古典精致的云石吊灯交相辉映,大厅中悬挂着起士林 20 世纪 30 年代的外檐照片、极具艺术价值的著名画作《世博会开幕盛典》及现代起士林的照片介绍,沿着历史文化的足迹可直达现代时尚的维克多利西餐厅。

天津起士林二楼维克多利西餐厅融时尚和典雅为一体,经典尊贵的棕色皮质沙发,混搭舒适的高背靠椅,与古典精致的云石灯相得益彰,将典雅和现代完美结合。在这里,特级西餐厨师精心烹饪的西式大餐,飘香四溢的咖啡,绚丽缤纷的饮品,纯手工制作的经典冰激凌,精致的蛋糕甜点,伴随小提琴悠扬婉转的乐曲,将用餐升华为一种享受,一种高品质的生活态度。在维克多利身着现代混搭服饰的餐厅服务人员是经过专业西餐服务培训实践、具备标准双语基础的青年大学生,气质优雅、仪表端庄,为客人提供考究的西餐礼节和周到温馨的服务,使客人远离现代都市快节奏的生活,享受一份恬静和舒适。

天津起士林大饭店如图 1.2 所示。

图 1.2 天津起士林大饭店

第二章　西餐基础知识

学习目标：培养学生适应企业一线岗位需要掌握的西餐基础知识，并在此基础上，重点掌握从事本专业领域实际工作的基本技能。

第一节　西餐主要菜式

西菜大致可分为欧美式和俄式两大菜式。欧美菜式主要包括英、美、法、意等菜，以及少量的西班牙、葡萄牙、荷兰等地方菜。俄式主要指俄罗斯菜。

1. 英式菜

英式菜油少、口味清淡。调味很少用酒，调味品大都放在餐台上由顾客自己选用。常备佐料有醋、生菜油、芥末、番茄沙司、辣酱油、盐、胡椒粉等。烹调的方法多用烧、烤、熏、煮、蒸、烙等。主要名菜名点有薯烩烂肉、烤羊鞍、野味攀、冬至布丁、牛扒腰子布丁等。

2. 美式菜

美式菜口味咸里带甜。烹调方法大致和英式菜相近似，但铁扒菜较为普遍。美国人一般对辣味菜不感兴趣，常将水果烧在菜里作为配料，如菠萝焗火腿、苹果烤鸭、紫葡萄烧野味，点心和色拉也大多用水果作原料、早餐普遍爱喝各种果汁。主要的名菜名点有丁香火腿、美式火鸡、苹果色拉、糖油煎饼带熏咸肉或火腿等。

3. 法式菜

法式菜选料广泛。蜗牛、马兰、百合、大鹅肝等均可入菜。调味用酒较重，也很讲究，什么菜用什么酒都有严格的规定。如清汤用葡萄酒，海味用白兰地，火鸡用香槟，水果和甜点用甜酒或白兰地等。法国人爱吃冷盘菜，喜食沙丁鱼、火腿、奶酪及各类禽的肝酱，配料爱用大蒜头，喜欢清汤及酥面点心、蒸点心。特别爱吃新鲜水果和新鲜奶酪，因为法国是著名的奶酪生产国。

法式菜还讲究生吃，如生吃蚝、牛肉，羊腿只需七八成熟。重视蔬菜，每道菜都必须配蔬菜。法国菜之所以享有盛名，还在于其有许多客前烹制表演。例如，服务员在宾客面前表演烹制青椒牛扒、苏珊特饼燃焰等。主要的法式名菜名点有马赛鱼羹、巴黎龙虾、法式蜗牛、红酒山鸡、奶油千层酥等。

4. 意大利菜

意大利菜其特点味浓，讲究原汁原味，烧烤菜较少。烹调以炒、煎、炸、红烩、红焖等方法著称。意大利人喜爱面食，把各种面条、通心粉、饺子、面疙瘩作为佳肴。意大利面条品种很多，长、短、粗、细、空心、圆形、扇形、弯曲等各种形状都有，烹制方法也五花八门。意大利的腌腊、奶酪等制品也较著名。主要的名菜名点有通心粉素菜汤、铁扒干贝、焗馄饨、奶酪焗通心粉、比萨饼（pizza）等。

5. 俄式菜

俄式菜油大味重，制作也较为简单。肉类、家禽及各式各样的肉饼菜均烧得很熟。口味一般以酸、辣、甜、咸为主，还喜用碎肉末、鸡蛋和蔬菜制成发面包子。咸鱼和熏鱼大多生吃，调味喜用酸奶油。主要的名菜名点有串烧山鸡、什锦冷盘、鲭鱼饺子、酸黄瓜汤、冷苹果汤、鱼肉包子、白塔鸡卷等。

第二节　西餐宴会上菜顺序

开胃酒：宴会餐前的聚会，大家可以交换名片，谈谈新闻、风景、业务等。先生们习惯喝一杯味美思，女士们喜欢香槟酒或者阿尔斯的琼瑶浆葡萄酒。

头盘。头盘也称开胃品。开胃品的内容有冷头盘或热头盘之分，常见的品种有鱼子酱、鹅肝酱、熏鲑鱼、鸡尾杯、奶油鸡酥盒、焗蜗牛等。因为是要开胃，所以开胃菜一般都具有特色风味，味道以咸和酸为主，而且数量较少，质量较高。

汤菜（热菜类的第一道）。与中餐有极大不同的是，西餐的第二道菜就是汤。因为汤中含有刺激消化器官，分泌消化液的物质，能够引起食欲并帮助消化，所以西方人的生活习惯是把汤作为热菜类的第一道上的菜。西餐的汤大致可分为清汤、奶油汤、蔬菜汤和冷汤等四类。品种有牛尾清汤、各式奶油汤、海鲜汤、意式蔬菜汤、俄式罗宋汤、法式焗葱头汤等。冷汤的品种较少，有德式冷汤、俄式冷汤等。

副菜。鱼类菜肴一般作为西餐的第三道菜，也称副菜。品种包括各种淡水或海水鱼类、贝类及软体动物类。通常水产类菜肴与蛋类、面包类、酥盒菜肴均称为副菜。因为鱼类等菜肴的肉质鲜嫩，比较容易消化，所以放在肉类菜肴的前面，叫法上也和肉类菜肴主菜有区别。西餐吃鱼菜肴讲究使用专用的调味汁，品种有鞑靼汁、荷兰汁、酒店汁、白奶油汁、大主教汁、美国汁和水手鱼汁等。

主菜。肉、禽类菜肴是西餐的第四道菜，也称主菜。肉类菜肴的原料取自牛、羊、猪、小牛仔等各个部位的肉，其中最有代表性的是牛肉或牛排。牛排按其部位又可分为沙朗牛排（西冷牛排）、菲利牛排等。其烹调方法常用烤、煎、铁扒等。肉类菜肴配用的调味汁有西班牙汁、浓烧汁精、蘑菇汁、白尼斯汁等。禽类菜肴的原料取自鸡、鸭、鹅，通常将兔肉和鹿肉等野味也归入禽类菜肴。禽类菜肴品种最多的是鸡，有山鸡、火鸡、竹鸡，可煮、可炸、可烤、可焖，主要的调味汁有黄肉汁、咖喱汁、奶油汁等。

配菜。蔬菜类菜肴可以安排在肉类菜肴之后，也可以与肉类菜肴同时上桌，所以可以算为一道菜，或称之为一种配菜。蔬菜类菜肴在西餐中称为沙拉。与主菜同时服务的沙拉，称为生蔬菜沙拉，一般用生菜、西红柿、黄瓜、芦笋等制作。沙拉的主要调味汁有醋油汁、法国汁、千岛汁、奶酪沙拉汁等。沙拉除了蔬菜之外，还有一类是用鱼、肉、蛋类制作的，这类沙拉一般不加味汁，在进餐顺序上可以作为头盘食用。有一些蔬菜是熟食的，如花椰菜、煮菠菜、炸土豆条。熟食的蔬菜通常是与主菜的肉食类菜肴一同摆放在餐盘中上桌。

甜品。西餐的甜品是在主菜后食用的，可以算作第六道菜。它包括所有主菜后的食物，如布丁、煎饼、冰淇淋、奶酪、水果等。

饮料。西餐的最后一道是咖啡或茶。饮咖啡一般加糖和淡奶油，茶一般加香桃片和糖。先生们则可能需要来一杯波特酒或马德拉酒，当然也可以来一杯白兰地。

以上是西餐宴席传统的上菜顺序。

第三节　西餐宴会服务知识

一、引客入席

1）开宴前 10 分钟左右，酒店负责人应主动询问主人是否可以按时开席。

2）经宴会主人同意后即通知厨房准备上菜，同时请宾客入座。

3）酒店全体服务员应精神饱满地站在餐台旁服务。

4）来宾走近座位时，服务员应面带笑容拉开座椅，按宾主次序引请来宾入座。

二、引座的技巧

1）根据客人的人数安排相应的地方，使客人就餐人数与桌面容纳能力相对应。这样可以充分利用餐厅的服务能力。

2）酒店的引座应当表现出向客人诚意的推荐，在具体的引座、推荐过程中应当尊重客人的选择，使双方的意见能很好地结合起来。

3）第一批客人到餐厅就餐时，可以将他们安排在比较靠近入口或距离窗户比较近的地方，使后来的客人感到餐厅人气旺盛，构造出热闹的氛围，避免给客人留下门庭冷落的印象。

4）对于带小孩的客人，应尽量将他们安排在离通道较远的地方，以保证小孩的安全，同时，也利于餐厅员工的服务。

5）对于着装鲜艳的女宾，餐厅可以将其安排在较为显眼的地方，可以增加餐厅的亮色。

6）对于来餐厅就餐的情侣，可以将其安排在较为僻静的地方。

7）餐厅经营高峰时，引座员工要善于做好调度、协调工作，灵活及时地为客人找到位置，掌握不同桌面客人的就餐动态。

三、宴会服务内容

1）在宴会开始前 5 分钟摆上黄油，分派面包，面包作为佐餐食品可以在任何时候与任何菜肴搭配进行，所以要保证客人面包盘总是有面包，一旦盘子空了，应随时给客人续添。

2) 按上菜顺序上菜, 顺序是冷开胃品、酒、鱼类、副盘、主菜、甜食、水果、咖啡或茶。

3) 按菜单顺序撤盘上菜。每上一道菜之前, 应先将用空的前一道菜的餐具撤下。客人如果将刀叉并拢放在餐盘左边或右边或横于餐盘上方, 是表示不再吃了, 可以撤盘。客人如果将刀叉呈 "八" 字形搭放在餐盘的两边, 则表示暂时不需撤盘。西餐宴会要求所有宾客都吃完一道菜后才一起撤盘。

4) 上肉菜的方法。肉的最佳部位对着客人放, 而配菜自左向右按白、绿、红的顺序摆好。主菜后的色拉要立即跟汁, 色拉盘应放在客人的左侧。

5) 上甜点水果。先撤下桌上酒杯以外的餐具 (主菜餐具、面包碟、黄油盅、胡椒盅、盐盅), 换上干净的烟灰缸, 摆好甜品叉匙, 将水果摆在水果盘里, 跟上洗手盅、水果刀叉。

6) 上咖啡或茶前放好糖缸、淡奶壶。在每位宾客右手边放咖啡或茶具, 然后拿咖啡壶或茶壶依次斟上。有些高档宴会需推酒水车, 应问询客人是否送餐后酒和雪茄。

四、宴席服务规范

1) 酒会预订。预订员熟悉厅堂设施设备、接待能力, 利用状况, 具有丰富的酒水饮料知识。仪容仪表整洁、大方。能用外语提供预订服务, 迎接、问候、预订操作语言和礼节礼貌运用得体。客人预订酒会, 预订内容、要求、人数标准和主办单位地址、电话、预订人等记录清楚、具体。能够根据客人要求准确预订。

2) 厅堂布置。鸡尾酒会厅堂布置与主办单位要求、酒会等级规格相适应。厅堂酒台、餐台、主宾席区或主台摆放整齐, 整体布局协调。大型酒会, 根据主办单位要求设签到台、演说台、麦克风、摄影机或录机, 位置摆放合理。整个厅堂环境气氛轻松活泼, 能体现酒会特点与等级规格。

3) 餐前准备。酒会开始前组织服务员摆台, 主宾席或主宾席区设置合理、位置突出。酒台、餐台摆放整齐、美观, 餐具、小吃准备齐全。调酒员具有丰富的酒水饮料知识, 熟悉各种鸡尾酒及饮品调配方法。酒会举办前 20~30 分钟, 调好的鸡尾酒和饮品整齐地摆在酒台上, 酒水调制美观, 按配方制作准确。酒水供应充足及时。

4) 迎接客人。客人来到餐厅门口, 领位员着装整洁, 仪表端庄, 面带微笑, 配合主办单位迎接、问候客人、表示欢迎。对主宾席或主宾席区的客人要特别照顾。

5) 酒会服务。酒会开始, 服务员分区负责。为客人递送鸡尾酒、饮料、点心、小吃要迅速、准确; 服务规范。主人讲话或祝酒, 服务员主动配合, 保证酒水供应。服务过程中, 客人自动取酒、走动交谈, 留心观察客人, 主动及时提供服务、回答客人问题或为客人送酒、添加点心小吃, 服务细致周到, 酒会期间有舞会或文娱节目, 事先同主办单位协调, 安排细节具体。适时调整桌面, 保证舞会或文娱节目演出顺利进行。

6) 告别客人: 酒会结束, 征求主办单位和客人意见, 及时递送客人衣物, 欢迎客人再次光临。客人离开后快速清台收碗、撤除临时设备。

第四节　西餐菜单

西餐菜单是西餐企业经营的关键和基础。西餐经营的一切活动，都应围绕着菜单进行。一份精美的西餐菜单，既要能反映餐厅的经营方针和特色，衬托餐厅的气氛，同时也是餐厅重要的营销工具，能够为饭店和餐厅带来丰厚的利润。餐饮业的发展实践证明，菜单是餐饮经营成功与失败的关键因素之一。

一、菜单的种类

根据顾客用餐需求和供餐性质进行分类，为满足顾客对于菜系的不同购买方式、不同购买时间、不同的口味需求以及供餐性质而筹划和设计的菜单有以下几种。

1. 套餐菜单

根据顾客需求将各种不同的营养成分，不同的食品原料，不同制作方法，不同的菜式，不同的颜色、质地、味道及不同价格的菜系，合理地搭配在一起设计成的一套菜系，并制定出每套菜系的价格。因此，套餐菜单上的菜系品种、数量、价格是固定的，顾客选择的空间很小，只能购买整套菜系。套餐菜单的优点是，节省顾客点菜时间，价格比零点购买更优惠。

2. 零点菜单

零点菜单是西餐厅或宴会厅推销产品的一种技术性菜单。顾客根据菜单上列举的菜系品种，以单个购买方式自行选择，组成自己完整的一餐。零点菜单上的菜系是分别定价的。西餐零点菜单上销售品种的排列方法，常以人们进餐的习惯和顺序进行分类和排列，如开胃菜、汤类、沙拉、三明治、主菜、甜点等。

3. 宴会菜单

宴会菜单也是西餐厅或宴会厅推销产品一种技术性菜单。宴会菜单通常体现出饭店或西餐厅的经营特色，菜单上的菜肴是该餐厅中比较有名的美味佳肴。同时，餐厅还根据不同的季节安排一些时令菜系。宴会菜单也经常根据宴请对象、宴请特点、宴请标准或宴请者的意见而随时调整。此外，宴会菜单还是餐厅推销自己库存食品原料的主要媒介。根据宴会的形式，宴会菜单又可分为传统式宴会菜单、鸡尾酒会菜单和自助式宴会菜单。

4. 节日菜单

根据一些地区和民族节日筹划传统的菜系。混合菜单是在套餐菜单的基础上，增加了某道菜系的选择性，这种菜单集中了零点菜单和套餐菜单的共同优点，其特点是在套餐的基础上加入了一些灵活性。例如，一个套餐定了3道菜，第一道是沙拉，第二道是主菜，第三道菜是甜品，其中每一道菜或者其中的两道菜中可以有数个可选择的品种，并将这些品种限制在最受顾客欢迎的那些品种上，而且固定其价格。因此这种套餐菜单很受欧美人的欢迎，它既方便了顾客，也有益于餐厅，还为餐厅减少了繁重而复杂的菜系制作和服务工作。

二、菜单的作用

1）菜单是顾客餐饮消费的主要参考依据。餐厅的主要产品是菜肴和食品，产品不宜久存，许多菜肴在客人点菜之前不能事先制作。因此，用餐顾客不大可能在点菜之前看到食物产品，唯有通过菜单的具体介绍来了解产品的颜色、味道和特点。因此，西餐菜单成为顾客购买西菜和西点的主要工具，发挥着重要的参考作用。

2）菜单是餐厅销售菜肴的主要工具餐厅主要通过菜单把自己的产品介绍顾客，通过菜单与顾客沟通，通过菜单了解顾客对菜系的需要并及时改进菜肴以满足顾客的需要。定期有效的菜单分析能够帮助管理者及时发现餐厅各类菜肴的销售情况，对菜品进行，优胜。因而，菜单成为餐厅销售菜肴主要工具。

3）菜单是餐厅经营管理的重要工具。西餐菜单在西餐经营和管理中发挥着非常重要的作用。不论是西餐原料的采购、西餐成本控制、西餐的生产和服务、西餐厨师和服务员的招聘，还是西餐厅和厨房的设计与布局等，都要根据菜单上的产品风格和特色而定，违背这一原则西餐经营就很难获得成功。因此，西餐菜单是西餐厅、咖啡厅和快餐厅的重要管理工具。

随着餐饮市场需求的多样化，国内外的西餐企业为了扩大销售，都采用了灵活的经营策略。根据西餐的各种类型、各种制作特点、各种菜式，并根据不同的销售地点和销售时间，西餐企业筹划和设计各种各样的菜单以促进菜肴的销售。

第五节　烹调的作用

一、烹的作用

1）菜肴加热杀菌消毒保障食用安全，菜肴在加热85℃左右时有害的细菌及寄生虫卵都可以被杀死。菜肴加热分解养分便于消化吸收，在加热菜肴后蛋白质凝固溶解，淀粉一部分变成糊精，另一部分分解为糖类。

2）菜肴加热生成香气，增强饮食美感。菜肴中的醇、酯、酚、糖类在受热时随着原料组织的分解而游离出来，菜肴加热另一方面，它们又可以发生某些化学变化，变成某种芳香的物质。

3）菜肴加热合成滋味形成复合的美味。把几种烹饪原料放在一起加热，各种原料中的滋味成分就会在高温的作用下，以水、油等为载体，互相渗透从而形成复合的美味佳肴。

4）菜肴加热可增色美形，丰富外观形态。虾、蟹经油炸后颜色鲜红；上浆后的鱼片经滑油处理后颜色洁白如玉；绿叶蔬菜加热后颜色碧绿。同时，有些剞过花刀的原料，加热后会形成佛手形、麦穗形、菊花形、荔枝形等。

5）菜肴加热丰富质感形成各式风格，烹调火候掌握得恰到好处，旺火速成的菜肴质感鲜嫩；高温油炸的菜肴外酥里嫩；小火久烹的菜肴质感软烂。质感是菜肴内在美的体现，因此只有通过烹制加热才能使菜肴达到内外兼美的境地和效果。

二、调的作用

1）消除原料异味，如膻、臊、臭等不良气味，仅通过加热一般难以全部去除，如果运用一定的调料和适当的手段，可以消除、减弱或掩盖原料中的异味，同时突出并赋予原料香气。消除原料异味常通过 3 个途径完成：一是原料烹制前的腌渍过程；二是原料烹制中的调制过程；三是原料烹制后的调制过程。

2）赋予菜肴美味，调味应以原料本味为中心，无味者使其有味，有味者使其更美，味淡者使其浓厚，味美者使其突出。菜肴多种多样的味型是通过运用不同调料进行调制得以确定和实现的。

3）增进菜肴美观。菜肴色彩艳丽，一方面取决于烹饪原料本身的颜色，另一方面取决于调料的妙用。例如，酱油能使菜肴呈现淡黄色、金黄色或酱红色；咖喱粉能使菜肴呈现淡黄色等。

第六节　西餐常用原料

西餐所用的原料概括地讲，可分为动物性和植物性两大类。动物性原料包括肉类、水产类、肉制品类、野味类、奶制品类、蛋类等。植物性原料包括粮食类、蔬菜类、水果类、坚果类等。以下主要介绍肉类、水产类、肉制品类、蔬菜类和水果类。

一、肉类

肉类的种类品种很多。肉类是西餐经常使用的动物性原料之一，其中尤以牛肉用得最多。各种瘦肉所含营养成分相近，蛋白质含量约为 20%，脂肪含量为 1%～15%，无机盐含量约为 1%，其余为水分。在西餐中用量最大的是小牛肉，其次是猪肉、羊肉；再次为马肉、狗肉等。

动物的内脏蛋白质含量最高，无机盐和维生素也多于一般的瘦肉。其中肝脏的营养成分尤为突出。肝脏含有丰富的 B 族维生素、大量的维生素 A、中等量的维生素 C 和易于吸收的铁，是儿童和贫血病人的良好食物。肾脏所含的营养成分次于肝脏，但高于瘦肉。由于肝、肾和脑中都含有较高的胆固醇，故高血脂症、高血压病、冠心病患者和老年人应少食。

牛肉、猪肉的鲜度鉴别：好的猪肉看上去颜色鲜红，牛肉是深红色的，有光泽，手按时不发黏，有弹性；闻时有各种肉的特有的腥味，无腐臭味。腐败的肉，看起来颜色稍带淡绿色，发暗或呈黑色，无光泽，无弹性；用手拿时发黏，水多，带有臭味或异味。

西餐常用肉类如下。

1. 牛肉

牛肉被誉为肉类中营养价值排行第一的健康食品。它营养丰富，富含钙、磷、铁、硫胺素、尼克酸等微量元素及维生素，蛋白质含量达 21%，且脂肪含量较低。

（1）牛肉各部位及功效

1）牛肚，即牛胃，亦为补益之品。性味甘、平，入胃、脾经。牛胃含蛋白质、脂肪、钙、磷、铁、维生素（B_1、B_2）、尼克酸等，能补中益气，养脾胃，解毒。

2）牛肝，牛科动物黄牛或水牛的肝脏。性味甘、平，入肝经。牛肝为优质完全蛋白质食品，每百克蛋白质含量为 21.8 克，铁含量为 9 毫克，维生素 A 含量高达 18300 国际单位，维生素 B 含量为 22.3 毫克，烟酸含量为 16.2 毫克，维生素 C 含量为 18 毫克。此外尚含钙、磷、铜、维生素 B_1、维生素 D 及多种酶。牛肝因富含优质蛋白、铁、铜及维生素 A、B、C 等，具有补肝明目的功能。

3）牛肾，牛科动物黄牛或水牛的肾脏。牛肾性味甘、温，归肾经。其含蛋白质、碳水化合物、脂肪、磷、铁、维生素（B_1、B_2、C、A）、尼克酸等。能益精，补益肾气，去湿痹。

4）牛筋，牛科动物黄牛或水牛的蹄筋。其功用为补肝强筋、补血。

5）牛黄，牛胆中结石。成分有胆红素、胆酸、胆固醇、麦角固醇、脂肪酸、卵磷脂等。具有清热解毒、镇惊安神、开窍豁痰、清心止痉等作用，并能促进红细胞新生。

（2）牛肉等级划分

1）特级肉：牛的里脊。因为这个部位很少活动，所以肉纤维细软，是牛肉中最嫩的部分。里脊在西餐中用来做各种高级的菜，如煎里脊扒、奶油里脊丝、铁扒里脊等。

2）一级肉：牛的脊背部分，包括外脊和上脑两个部位。这部分肉肥瘦相间，肉质软嫩，仅次于里脊，也是优质原料。用来做上脑肉扒、带骨肉扒、烤外脊等最为适宜。

3）二级肉：牛后腿的上半部分是二级肉，其中包括米龙盖、米龙心、黄瓜肉、和尚头等部位。米龙盖肉质较硬，适宜焖烩；米龙心肉质较嫩，可代替外脊使用；和尚头肉质稍硬，但纤维细小，肉质也嫩，可做焖牛肉卷、烩牛肉丝等。

4）三级肉：包括前腿、胸口和肋条。前腿肉纤维粗糙，肉质老硬。一般用于绞馅，做各种肉饼。胸口和肋条肉质虽老，但肥瘦相间，香硕味美，用来做焖牛肉、煮牛肉。

5）四级肉：包括脖颈、肚脯和腱子。这部分肉筋皮较多，肉质粗老，适宜煮汤。腱子酱制。

6）五级肉：牛头、牛尾筋皮多，有肥有瘦，可以用来做汤或做烩牛尾、咖喱牛头尾等菜。

7）小牛肉：西餐选用牛肉的最大特点是非常讲究用小牛肉和奶牛肉。小牛是指出生后半年左右的牛。这种小牛肉肉质细嫩，汁液充足，脂肪少。它的里脊除适宜煎炒外，更适合做炭烤里脊串。小牛的后腿，除用于煎、炒、焖、烩外，还可以做烤小牛腿。小牛的脖颈和腱子可以煮吃，清爽不腻，十分佳美。这些用途都是一般牛肉不能比拟的。

（3）牛肉分割标准

牛肉分割标准如图 2.1 所示。

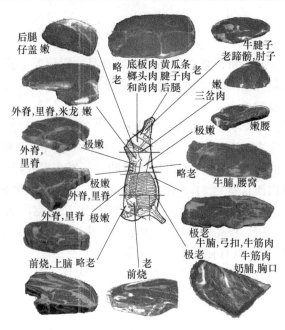

图 2.1　牛肉分割标准

（4）牛肉各部位及适宜的烹调方式

牛肉各部位及适合的烹调方式如下。

1）里脊：（牛柳或菲力）最细嫩，大部分是精肉，适合牛扒、煎、炒、炸、牛排。

2）外脊：（西冷）牛背长肌，肉质红色夹有脂肪，大理石斑纹，适合炒、炸、涮、烤。

3）上脑：脊骨两侧，肉质细嫩，脂肪交杂均匀有花纹，适合涮、煎、烤。

4）眼肉：与上脑和外脊相连，外形似眼睛，肉嫩脂高，口香甜多汁，适合涮、烤、煎。

5）臀肉：米龙、黄瓜条、和尚头。纤维粗脂低，适合垂直肉质纤维切丝或切片后爆炒。

6）肩肉：由互相交叉的两块肉组成，纤维较细，口感滑嫩，适合炖、烤、焖，咖喱牛肉。

7）胸肉：纤维稍粗，面纹多，有脂肪覆盖，煮熟后口感较嫩，肥而不腻，适合烤、炖、煮汤。

8）牛腩：肥瘦相间，肉质稍韧，但肉味浓郁，口感肥厚而醇香，适合清炖或咖喱。

9）腱子肉：分前腱和后腱，熟后有胶质感，适合红烧或卤、酱。

10）牛颈肉，肥瘦兼有，适宜制馅或煨汤，出馅率高 15%，适宜做牛肉丸。

11）4 种牛排：牛柳牛排、肉眼牛排、西冷牛排、T 骨牛排。

2. 猪肉

猪是西餐经常使用的动物性原料之一。家猪作为人类最早驯化的动物之一，是全球最大的肉类食品来源之一，同时也为人类提供了重要的医药产业资源，如药用级别的肝素及用于异体移植的心脏瓣膜等。

猪肉比牛肉更易消化，猪肉的营养非常全面，除了蛋白质、脂肪等主要营养成分外，还含有碳水化合物、钙、磷、铁、硫胺素、核黄素和尼克酸等。猪肉肥瘦差别较大，一般来说，肥肉中脂肪含量高，蛋白质含量少，多吃容易导致高血脂和肥胖等疾病。蛋白质大部分集中在瘦肉中，而且瘦肉中含有血红蛋白，可以起到补铁的作用，能够预防贫血。肉中的血红蛋白比植物中的更好吸收，因此，吃瘦肉补铁的效果要比吃蔬菜好。

（1）猪肉各部位及功效

1）猪蹄：性平味甘咸，能有补血通乳汁，含钙质，加醋同煲，容易被吸收。

2）猪心：性平味甘咸，有补心、定惊、安神之功效，增加心肌的收缩力。

3）猪肚：即猪胃，是猪全身胆固醇含量最低的部分，适宜各种年龄和体质的人食用。

4）猪腰：性平味甘咸，具有补肾、止遗精、止盗汗、利水的功效。

5）猪骨：熬成的骨头汤有着多方面的养生功效，它的蛋白质含量很高。

（2）猪肉等级

猪肉的不同部位肉质不同，一般可分为4级。特级：里脊肉；一级：通脊肉，后腿肉；二级：前腿肉，五花肉；三级：血脖肉，奶脯肉，前肘、后肘。

（3）猪肉各部位及适宜的烹调方式

猪肉各部位分割如图2.2所示。

① 猪头肉：牙颌、耳朵、嘴尖、眼眶、核桃肉等，皮厚质老胶重，适宜卤腌、熏、酱腊、拌等。

② 凤头皮肉：此处肉皮薄，微带脆性，瘦中夹肥，肉质较嫩，适宜卤、蒸、烧和做汤等。

③ 槽头肉（颈肉）：其肉质地老、肥瘦不分，宜于做包子、饺子馅，或红烧、粉蒸等。

④ 前腿肉：这个部位的肉半肥半瘦，肉质较老，适宜凉拌、卤、烧、腌、酱腊等。

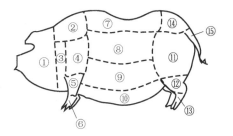

图2.2 猪肉各部位分割

⑤ 前肘（前蹄髈）：其皮厚、筋多、胶质重，适宜凉拌、烧、制汤、炖、卤、煨等。

⑥ 前脚（前蹄）：皮、筋、骨骼，胶质重，适宜烧、炖、卤、煨等。

⑦ 里脊皮肉：肉质嫩、肥瘦相连，适宜卤、凉拌、腌、酱腊。

⑧ 正宝肋：肉皮薄，有肥有瘦，肉质较好，适宜蒸、卤、烧、煨、腌，可烹制红烧肉等。

⑨ 五花肉：肉因一层肥一层瘦共有5层，所以叫五花肉，肥瘦相间，适宜烧蒸、东坡肉等。

⑩ 奶脯肉（下五花肉、拖泥肉）肉质差，肥多瘦少，一般适宜做烧、炖、炸酥肉等。

⑪ 后腿肉：肉好质嫩，肥瘦相连皮薄，适宜做白肉（凉拌）、卤、腌、做汤，或回锅肉等。

⑫ 后肘（后蹄髈）：质量较前蹄差，其用途同前蹄。

⑬ 后脚（后蹄）：质量较前蹄差，其用途同前蹄。

⑭ 臀尖：肉质嫩、肥多瘦少，适宜凉拌（白肉）、卤、腌、做汤或回锅肉。

⑮ 猪尾：皮多、脂肪少、胶质重，适宜烧、卤、凉拌等。

3. 火鸡肉

火鸡肉如图 2.3 所示。

图 2.3　火鸡肉

火鸡又名吐绶鸡，原产北美，是西餐中特有的烹饪原料，其肉质极为白细鲜美。火鸡的名字在英文中叫"土耳其"，因为欧洲人觉得它的样子像土耳其的服装：身黑头红。火鸡的各部位名称和其他鸡相同。脯肉雪白细嫩，腿肉发灰，较老。火鸡不宜煮汤。适宜做菜，主要做法是烤，而且是整烤。可以整上，也可以零用。嗉囊还可瓤馅，也可与腿脯搭配使用，火鸡的心、肝、胗（胃）可以煮或焖，也可以与鸡同烤，味道都很鲜美。火鸡是西方国家在圣诞节和除夕必备的食品。

火鸡肉有一高二低。一高是蛋白质含量高，二低是脂肪低、胆固醇低。火鸡肉还含有丰富的铁、锌、磷、钾及维生素 B。火鸡肉和其他肉类产品相比，蛋白含量甚高，而热量和胆固醇很少；火鸡肉所含的脂肪是不饱和脂肪酸，不会导致血液中胆固醇量的增加；其次，火鸡胸肉的铁含量也相当高，对于生理期、妊娠期和受伤需调养的人而言，火鸡肉是供应铁质最佳的来源之一。火鸡肉在营养学上的特色还包括其富含色氨酸和赖氨酸，可协助人体减压力、消除紧张和焦躁不安等症状。

二、水产类

水产是海洋、江河、湖泊里出产的动物或藻类等的统称，也是相关的服务或加工行业的总称。各种鱼类、虾、蟹、蛤蜊、海参、海蜇和海带等水产品，味道非常鲜美，是深受人们欢迎的饮食佳品。水产海鲜也是西餐经常使用的原料之一。

西餐常用水产如下。

1. 鳕鱼

鳕鱼如图 2.4 所示。

鳕鱼（gadus）又名鳘鱼，是主要食用鱼类之一。鳕鱼原产于从北欧至加拿大及美国东部的北大西洋寒冷水域。目前鳕鱼主要出产国是加拿大、冰岛、挪威及俄罗斯，日本产地主要在北海道。鳕鱼是全世界年捕捞量最大的鱼类之一，具有重要的经济价值。

鳕鱼含丰富的蛋白质、维生素 A、维生素 D、钙、镁、硒等营养元素，营养丰富、肉味甘美。鳕鱼肝可用于提取鱼肝油，含油量 20%～40%，富含维生素 A、维生素 D。鳕鱼肝油对结核杆菌有抑制作用，其不饱和酸的十万分之一浓度即能阻止细菌繁殖。鳕鱼肝油还可消灭传染性创伤中存在的细菌。鳕鱼肝油制成的药膏能迅速液化坏疽组织，预防心脑血

图 2.4　鳕鱼

管疾病。鱼肉中含有丰富的镁元素，对心血管系统有很好的保护作用，有利于预防高血压、心肌梗死等心血管疾病。

2. 三文鱼

三文鱼如图 2.5 所示。

图 2.5　三文鱼

三文鱼（salmon）也称撒蒙鱼或萨门鱼，是一种生长在加拿大、挪威、日本和俄罗斯等高纬度地区的冷水鱼类。三文鱼是一个统称，是英语"salmon"的音译，其英语词义为"鲑科鱼"。三文鱼分为鲑科鲑属与鲑科鳟属，所以准确地说，salmon 是鲑鳟鱼。鲑科鱼中的鳟属鱼有两种：海鳟（salmo Trutta）和虹鳟（oncorhynchus mykiss）。

三文鱼中含有丰富的不饱和脂肪酸，能有效提升高密度脂蛋白胆固醇、降低血脂和低密度脂蛋白胆固醇，防治心血管疾病。所含的 Ω-3 脂肪酸是脑部、视网膜及神经系统所必不可少的物质，有增强脑功能、防治老年痴呆和预防视力减退的功效。三文鱼还能有效地预防诸如糖尿病等慢性疾病的发生和发展，具有很高的药用价值，享有"水中珍品"的美誉。

3. 对虾

对虾如图 2.6 所示。

图 2.6　对虾

对虾（penaeus orientalis）学名东方对虾，又称中国对虾、斑节虾。对虾属节肢动物门，甲壳纲，十足目，对虾科，对虾属。对虾属个体大，通称大虾。雌性成长个体体长一般 16～22 厘米，重 50～80 克，最大的可达 30 厘米，重 250 克；雄性较小，体长 13～18 厘米，重 30～50 克。对虾为广温广盐性海产动物。体呈长筒形，左右侧扁，身体分为头、胸和腹部，由 20 个体节组成。腹部较长，肌肉发达，分节明显。

虾中含有 20% 的蛋白质，是蛋白质含量很高的食品之一。虾和鱼肉相比，所含的人体必需氨基酸——缬氨酸并不高，但却是营养均衡的蛋白质来源。另外，虾类含有甘

氨酸，这种氨基酸的含量越高，虾的甜味就越高。虾和鱼肉、禽肉相比，脂肪含量少，并且几乎不含作为能量来源的动物糖质。虾中的胆固醇含量较高，同时含有丰富的能降低人体血清胆固醇的牛磺酸。虾含有丰富的钾、碘、镁、磷等微量元素和维生素 A 等成分。患高脂血症、动脉硬化、皮肤疥癣、急性炎症和面部痤疮及过敏性鼻炎、支气管哮喘等病症者不宜多食。

4. 海蟹

海蟹如图 2.7 所示。

图 2.7　海蟹

海蟹属节肢动物门，甲壳纲、十足目、爬行亚目。海蟹是甲壳类动物（crustacean），它们的身体被硬壳保护着。海蟹靠鳃呼吸。绝大多数种类的海蟹生活在海里或靠近海洋，当然也有一些的海蟹栖于淡水或住在陆地。它们靠母蟹来生小海蟹，每次母蟹都会产很多的卵，数量可达数百万粒以上。海蟹是依靠地磁场来判断方向的。

世界上约有 4700 种海蟹，中国约 800 种，常见的有关公蟹、梭子蟹、溪蟹、招潮蟹、绒螯蟹等属。歪尾次目中的瓷蟹、蝉蟹、拟石蟹、寄居蟹、椰子蟹等属也称为蟹。

海蟹含有丰富的蛋白质，较少的脂肪和碳水化合物。蟹黄中的胆固醇含量较高。海蟹含有丰富的钙、磷、钾、钠、镁、硒等微量元素。海蟹中含有丰富的维生素 D。海蟹还有抗结核作用，吃海蟹对结核病的康复大有裨益。海蟹有清热解毒、补骨添髓、养筋活血、通经络、利肢节、续绝伤、滋肝阴、充胃液之功效。对于淤血、损伤、黄疸、腰腿酸痛和风湿性关节炎等疾病有一定的食疗效果。

蟹肉性寒，不宜多食，患伤风、发热、胃痛，以及腹泻、慢性胃炎、胃及十二指肠溃疡、脾胃虚寒等病症者不宜食用。

三、肉制品类

肉制品（meat products）是指以畜、禽肉为主要原料，经调味制作的熟肉制成品或半成品。也就是说，所有的以畜、禽肉为主要原料，经添加调味料的所有肉的制品，均称为肉制品，包括热狗肠、火腿、培根、酱卤肉、烧烤肉、肉干、肉脯、肉丸、肉串、肉饼、腌腊肉等。下面主要介绍培根和热狗肠。

1. 培根

培根如图 2.8 所示。

培根又名烟肉，培根系由英语"bacon"译音而来，其原意是烟熏肋条肉或烟熏咸背脊肉。培根是西式肉制品三大主要品种（火腿、灌肠、培根）之一，其风味除带有适口的咸味之外，还具有浓郁的烟熏香味。培根外皮油润呈金黄

图 2.8　培根

色，皮质坚硬，用手指弹击有轻度的"卟卟"声；瘦肉呈深棕色，质地干硬，切开后肉色鲜艳。培根是用猪肉经腌熏等加工的猪胸肉，或其他部位的肉熏制而成。烟肉一般被认为是早餐的头盘（将培根切成薄片，放在锅子里烤或用油煎）。烟肉味道极好，常用作为烹调。

最常见的烟肉是腌熏猪肋条肉（flitch），以及咸肉火腿薄片（rasher）。传统上，猪皮也可制成烟肉，不过无外皮的烟肉是可作为一个更加健康的选择。

2. 热狗肠

热狗肠如图 2.9 所示。

热狗源自德国，是由英语"hot dog"直译而来。美国人称之为"腊肠狗香肠"，因为腊肠狗体形很长，与香肠很像。源自德国正宗的热狗肠偏甜，油大，是用各种绞碎的动物肉做的，烤后非常香，油脂含量高，不宜多吃。

图 2.9　热狗肠

四、蔬菜类

蔬菜分种植和野生两大类，其品种繁多而形态各异。目前我国主要蔬菜种类有 80 多种，按照蔬菜食用部分的器官形态，可以将其分成根菜类、茎菜类、叶菜类、花菜类、果菜类和食用菌类六大类型。蔬菜是西餐经常使用的原料之一。

鉴别蔬菜品质优劣和新鲜状态，可以从以下几个方面入手。从蔬菜色泽看，各种蔬菜都应具有本品种固有的颜色，大多数有发亮的光泽，显示出蔬菜的成熟度及鲜嫩程度。除杂交品种外，别的品种都不能有其他因素造成的异常色泽及色泽改变。从蔬菜气味看，多数蔬菜具有清香、甘辛香、甜酸香等气味，可以凭嗅觉鉴别不同品种的质量，不允许有腐烂变质的亚硝酸盐味和其他异常气味。从蔬菜滋味看，多数蔬菜滋味甘淡、甜酸、清爽鲜美，少数具有辛酸、苦涩等特殊风味以刺激食欲。如失去本品种原有的滋味即为异常，但改良品种除外。

西餐常用蔬菜如下。

1. 蔬菜根菜类——马铃薯

马铃薯如图 2.10 所示。

图 2.10　马铃薯

马铃薯属茄科，多年生草本块茎类蔬菜。它原产于南美洲高山地区，18 世纪传入我国，各地均有栽培，全年都有供应。马铃薯呈椭圆形，有芽眼，皮有红、黄、白或紫色，肉有白色或黄色，淀粉含量较多，口感脆质或粉质。马铃薯是一种粮菜兼用型的蔬菜。

马铃薯可称为"十全十美的食物"。人只靠马铃薯和全脂牛奶就足以维持生命和健康。因为马铃薯的营养成分非常全面，营养结构也较合理。马铃薯富含谷类缺少的赖氨酸，因而马铃薯与谷类混合食用可提高蛋白质利用率。马铃薯的维生素 C、B 族维生素及各种矿物质的含量均很高，可以起到良好的降血压作用，只是蛋白质、钙和维生素 A 的含量稍低，而这正好用全脂牛奶来补充。马铃薯富含谷类缺少的赖氨酸。马铃薯味甘、性平、微凉，入脾、胃、大肠经。有和胃调中、健脾利湿、解毒消炎、宽肠通便、降糖降脂、活血消肿、益气强身、美容、抗衰老之功效。

2. 蔬菜茎菜类——芦笋

芦笋如图 2.11 所示。

图 2.11 芦笋

芦笋属百合科，多年生宿根植物，又称石刁柏、龙须菜等。原产于地中海东岸及小亚细亚，至今欧洲、亚洲大陆及北非草原和河谷地带仍有野生种。已有 2000 年以上的栽培历史，17 世纪传入美洲，18 世纪传入日本，20 世纪初传入中国。中国从清代开始栽培芦笋，至今仅 100 余年历史。

芦笋所含蛋白质、碳水化合物、多种维生素和微量元素的质量均优于普通蔬菜，而热量含量较低。芦笋中含有适量的维生素 B_1、维生素 B_2、维生素 B_3，绿色的主茎比白色的含有更多的维生素 A，有限钠饮食的人应该避免用罐装芦笋，因其含有大量的钠。芦笋中还含有较多的天门冬酰胺、天门冬氨酸及其他多种甾体皂甙物质。天门冬酰胺酶是治疗白血病的药物。因而，芦笋已成为保健蔬菜之一。

抗癌之王芦笋中含有丰富的抗癌元素之王——硒，它能阻止癌细胞生长与分裂，抑制致癌物的活力并加速解毒，甚至使癌细胞发生逆转，刺激机体免疫功能，促进抗体的形成，提高对癌的抵抗力；加之所含叶酸、核酸的强化作用，能有效地控制癌细胞的生长。芦笋对膀胱癌、肺癌、皮肤癌等有特殊疗效。

3. 蔬菜叶菜类——生菜

生菜如图 2.12 所示。

生菜属菊科莴苣属。为一年生或二年生草本作物。主要分球形的团叶包心生菜和叶片皱褶的奶油生菜（花叶生菜）。团叶包心生菜叶内卷曲，按其颜色又分为青叶、白叶、紫叶和红叶生菜。青叶菜纤维素多，白叶生菜叶片薄，品质细，紫叶、红叶生菜色泽鲜艳，质地鲜嫩。

生菜原产地在欧洲地中海沿岸，是欧、美国家的大众蔬菜，深受人们喜爱。古希腊人、罗马人最早食用。生菜传入我国的历史较悠久，东南沿海，特别是大城市近郊、两广地区栽培较多，在我国台湾地区种植尤为普遍。随着

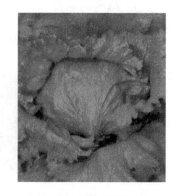

图 2.12 生菜

改革开放，对外交往频繁之后，近 10 多年来在一些大城市及沿海一些开放城市，生菜的种植面积逐渐多起来，继而内地的许多城市，也受到消费者欢迎。目前生菜已成为我国发展较快的绿叶生菜。

生菜是最合适生吃的蔬菜。生菜属于凉性的碱性食物，为强碱性食物。生菜含有丰富的营养成分，其纤维和维生素 C 比白菜多。生菜除生吃、清炒外，还能与蒜蓉、蚝油、豆腐、菌菇同炒，搭配不同，生菜所发挥的功效也是不同的。生菜本身具备镇痛催眠、降低胆固醇、辅助治疗神经衰弱、利尿、促进血液循环、抗病毒等功效。

4. 蔬菜花菜类——西兰花

西兰花如图 2.13 所示。

西兰花属十字花科，是甘蓝的又一变种。原产意大利，近年我国有栽培，主要供西餐使用。西兰花易栽易种，分期栽培，长年供食。西兰花介于甘蓝、花椰菜之间，主茎顶端形成绿色或紫色的肥大花球，表面小花蕾明显，较松散，而不密集成球，花蕾的嫩茎供食用。

图 2.13　西兰花

西兰花的维生素 C 含量高出白菜花 20% 左右，是洋白菜的 2~3 倍，是番茄的 5~6 倍。西兰花含有较丰富的胡萝卜素。西兰花中的叶酸含量是白菜花的 2 倍。每 100 克新鲜西兰花的花球中，含蛋白质 3.5~4.5 克，是菜花的 3 倍，番茄的 4 倍。

西兰花有防癌抗癌功效，尤其是在防治胃癌、乳腺癌方面效果尤佳。西兰花还含有丰富的抗坏血酸，能增强肝脏的解毒能力，提高机体免疫力。常吃西兰花，可促进生长、维持牙齿及骨骼正常、保护视力、提高记忆力。西兰花中的维生素 K 能维护血管的韧性，是最好的血管清洁剂。用西兰花 30 克煎汤，有利尿通便之功效。西兰花可抗衰老，防止皮肤干燥，是一种很好的美容佳品，另外对大脑、视力都益处，是营养丰富的综合保健蔬菜。

5. 蔬菜茄果类——番茄

番茄如图 2.14 所示。

图 2.14　番茄

番茄别名西红柿、洋柿子。据史料记载，番茄是生长在南美洲秘鲁国家森林里的一种野生植物，原名"狼桃"。番茄果实营养丰富，具特殊风味。可以生食、煮食、加工制成番茄酱、汁或整果罐藏。番茄是全世界栽培最为普遍的果菜之一。美国、俄罗斯、意大利和中国为主要生产国。在欧洲和美洲的国家、中国和日本有大面积温室、塑料大棚及其他保护地设施栽培。

番茄具有以下功效。

1）健胃消食，生津止渴，润肠通便。番茄所含的苹果酸、柠檬酸等有机酸，能促使胃液分泌；所含的果酸及纤维素，有助消化、润肠通便的作用。

2）清热解毒。番茄性凉味甘酸，有养阴凉血的功效，对口干舌燥、牙龈出血、胃热口苦有较好治疗效果。

3）降脂降压，利尿排钠。番茄所含的维生素 C、芦丁、番茄红素及果酸，可降低血胆固醇，抗血凝聚，防脑血栓。国外研究发现，从番茄籽周围黄色果冻状的汁液中分离出来的一种被称为 P3 的物质，具有抗血小板凝聚的功效。

4）防癌抗癌，延缓衰老。近年来，研究证实番茄中所含番茄红素具有独特的抗氧化作用。番茄还含有防癌抗衰老的谷胱甘肽，可清除体内有毒物质，恢复机体器官正常功能，延缓衰老。

5）防白内障，防黄斑变性。番茄所含的维生素 A 和维生素 C，可预防白内障，番茄红素具有抑制脂质过氧化的作用，维护视力。

6）美容护肤，治皮肤病。番茄所含的胡萝卜素和维生素 A、维生素 C，有祛雀斑、美容、抗衰老、护肤等功效，还可维护性功能等。

图 2.15　牛肝菌

6. 蔬菜菌类——牛肝菌

牛肝菌如图 2.15 所示。

牛肝菌是牛肝菌科 Boletaceae 室担子菌亚门伞菌目的重要一科。下分 11～20 属，多数可食用。牛肝菌科种类有 397 种和变种，其中有毒牛肝菌 33 种，占总数的 8.3%，如粘盖牛肝菌属、牛肝菌属、粉孢牛肝菌属。云南省牛肝菌类资源丰富，有不少优良的可食品种，主要有白、黄、黑牛肝菌。白牛肝菌又称美味牛肝菌，生长于海拔 900～2200 米的松栎混交林中，或砍伐不久的林缘地带，生长期为每年 5 月底至 10 月中旬，雨后天晴时生长较多。

牛肝菌类是牛肝菌科和松塔牛肝菌科等真菌的统称，其中除少数品种有毒或味苦而不能食用外，大部分品种均可食用。主要有白、黄、黑牛肝菌。美味牛肝菌，菌体较大，肉肥厚，柄粗壮，食味香甜鲜美，营养丰富，是一种世界性著名食用菌。菌盖扁半球形，光滑、不黏、淡裸色，菌肉白色，有酱香味，可入药。西欧各国也有广泛食用白牛肝菌的习惯，除新鲜的做菜外，大部分切片干燥，加工成各种小包装，用来配制汤料或做成酱油浸膏。

牛肝菌富含蛋白质、碳水化合物、维生素及钙、磷、铁等矿物质，主要活性成分为多糖，组成牛肝菌多糖的单糖有葡萄糖、半乳糖、甘露糖、木糖和岩藻糖。从牛肝菌中分离出的生物碱主要有胆碱、腐胺、腺嘌呤等。牛肝菌是珍稀菌类，香味独特、营养丰富，有防病治病、强身健体的功能，特别对糖尿病有很好的疗效。

五、水果类

水果是西餐中不可缺少的食品之一。可用于生食，还可用来制成各种菜点，如水果沙拉、苹果排等。常用的水果有苹果、柠檬、菠萝、梨、桃、草莓、樱桃等。下面介绍柠檬和草莓。

图 2.16　柠檬

1. 柠檬

柠檬如图 2.16 所示。

柠檬是英文"lemon"的译音，也可直译为香桃。柠檬是热带性植物，椭圆形，外皮和橘子相似，但较厚，非常芳香，果汁极酸，在西餐中广泛用于调味。西方人也常生吃，还可以切成片放在红茶中制成柠檬茶。柠檬茶酸甜芳香，开胃健身，西方人普遍喜欢食用。

图 2.17　草莓

2. 草莓

草莓如图 2.17 所示。

草莓也称洋莓，是草本植物，形状有些像大桑葚，颜色紫红，果皮很薄，味道较酸，汁液充足。草莓主要供生吃，也可制成草莓酱，作为饭点用。常见的有奶油草莓，它是把草莓的柄去掉，洗净，然后将其装入高脚玻璃杯内，浇上加糖搅好的奶油，红白相间，非常艳丽，味酸甜香美，是西餐中比较受欢迎的一种饭点；也可做奶油草莓蛋糕。

第七节　西餐常用调味品

西餐调味品可增加和改善食品香味，增加食品的可食性，还可提高食品营养营养价值和促进食欲等。西餐调味品分为基础调味类、调味酱类、调味香料类和调味奶类。

一、基础调味类

基础调味品在西餐中用途最大，几乎每餐都离不开它。基础调味品种类很多，常见的有食盐、白糖、味精、胡椒粉、辣酱油、食醋、咖喱粉、柠檬汁、葡萄酒、橄榄油等。

1. 食盐

盐的主要化学成分氯化钠（化学式 NaCl）在食盐中含量为 99%。某些食盐品种中，会添加碘、硒或者其他的微量元素，以改善当地人群对某种重要元素的缺乏。

食盐是百味之主，在烹调中的应用有着悠久的历史。在一般情况下，食盐本身的味道并无诱人之处，为什么食盐作为烹调中的调味品能提高菜肴原料的鲜美味呢？这是由于我们烹调时所用原料多数是蛋白质含量很高的动植物原料，而植物性原料疏松的结构和动物性原料纤维间隙，以及原料中所含的分子量很大的蛋白质，使得蛋白质溶液浓度一般很小，所以蛋白质溶液渗透压很低，这样食盐便很易利用渗透压的作用在较短的时间内渗透到原料内部，当原料烹调加热时原料中的蛋白质与钠离子结合生成呈鲜的氨基酸物质"谷氨酸-钠盐"。这是食盐被作为烹调主味和能提高菜品鲜美的道理，也是原料上浆挂糊前一定要用盐腌制入味的道理。

目前，我国为了提高盐的营养价值和多种口味，开发创新了 16 种功能调味盐，包括原盐、精盐、风味盐、低钠盐、维生素 B_2 盐、加碘盐、雪花盐、加锌盐、补血盐、加钙盐、防龋盐、海群生盐、营养盐、平衡健身盐、自然晶盐、加硒盐。

2. 白糖

白糖是红糖经过提纯、去掉杂质后得到的结晶。白糖甜味浓厚，适用于一般饮品、点心及其他糖制食品，它也是烹饪菜肴时经常用到的调味料。

糖是用甘蔗或甜菜等植物加工而成的一种调味品，其主要成分是蔗糖。白糖是食糖中质量最好的一种。其颗粒为结晶状，均匀，颜色洁白，甜味纯正，甜度稍低于红糖。烹调中常用。绵白糖为粉末状，适合于烹调，甜度与白砂糖差不多。绵白糖有精制绵白糖和土法制的绵白糖两种。前者色泽洁白，晶粒细软，质量较好；后者色泽微黄稍暗，质量较差。白糖和绵白糖只是结晶体大小不同，白糖的结晶颗粒大，含水分很少，而绵白糖的结晶颗粒小，含水分较多。糖是重要的调味品，能增加菜肴的甜味及鲜味，增添制品的色泽，为制作菜肴特别是甜菜品种的主要调味品。

白糖在烹饪中的应用：①具有缓和酸味的作用，在制作酸味菜肴时加入少量的白糖，可以缓解酸味，使菜肴可口；②具有调味的作用，在面点制作时也有改善面点品质的功效，还能增强菜肴的鲜味，调和诸味、增香、解腻、使复合味增浓的作用；③具有使原料增光、调色的作用，在烤熟的菜肴上抹些糖饴，可使菜肴增甜增光，糖色广泛用于制作卤菜、红烧菜肴的调色，如鸡、鸭、猪头肉等有皮的原料，煮熟后抹上糖水经烤或炸后，成品色泽转变成红色；④具有防腐作用，加糖越多制品的存放期就越长。

3. 味精

味精又称味素，是调味料的一种，主要成分为谷氨酸钠。味精作为调味品，在改善饮食结构、提高饮食档次方面，已经成为人们日常生活中不可缺少的物质。味精可以增进食欲，炒菜时稍微放一些味精，就可以使蔬菜的味道更好。

要注意的是，如果在 100℃ 以上的高温中使用味精，鲜味剂谷氨酸钠会转变为对人体有致癌性的焦谷氨酸钠；在碱性环境中，味精会起化学反应而变质；因为油的烟点是 240℃，而味精中的谷氨酸钠在 220℃ 的时候就会变成焦谷氨酸钠，焦谷氨酸钠虽然没有毒，但是没有鲜味。因此，要避开油的烟点，适当地使用和存放味精。

4. 胡椒粉

胡椒为热带植物胡椒树的果实，主要产地为印度、泰国、印尼等国，我国广东省、海南岛也有生产。胡椒味辛辣芳香，性热，除可去腥增香外，还有除寒气、消积食的效用，但多食则刺激胃黏膜而引起充血。胡椒粉是由干胡椒碾压而成，有白胡椒粉和黑胡椒粉两种。黑胡椒粉由未成熟果实加工而成，白胡椒粉由果实完全成熟后采摘加工而成。

黑胡椒的辣味比白胡椒强烈，香中带辣，祛腥提味，更多地用于烹制内脏、海鲜类菜肴；白胡椒的药用价值较大，可散寒、健胃、增进食欲、助消化、促发汗。

黑胡椒和白胡椒皆不能高温油炸，应在菜肴或汤羹即将出锅时添加少许，均匀拌入。黑椒与肉食同煮，时间不宜太长，以免香味挥发掉。鲜胡椒可以冷藏短储，粉状胡椒应在密封容器中，避免受潮和光照，保存时间也不宜太长。

5. 辣酱油

辣酱油又称喼汁、辣醋酱油、英国黑醋或伍斯特沙司（Worcestershire sauce），是一种英国调味料，味道酸甜微辣，色泽黑褐。最早、最著名的辣酱油品牌是英国的李派林（Lea & Perrins），于 1838 年起发售。在中国，辣酱油在沿海地区比较常见。在上海，辣酱油在 19 世纪末 20 世纪初从西餐厅推广到其他食品。上海西餐中的炸猪排、罗宋汤用到辣酱油。如生煎馒头、排骨年糕、干煎带鱼有时也用辣酱油做蘸料。辣酱油在 19 世纪从英国传入中国广东及中国香港，使用非常普遍。

辣酱油在西餐中的作用与中餐中的酱油相似，是用途很广的调味品之一。烹调食品时加入一定量的酱油，可增加食物的香味，并可使其色泽更加好看，从而增进食欲。

6. 食醋

食醋按制醋工艺流程来分，可分为酿造醋和人工合成醋。酿造醋又可分为米醋和糖醋。米醋根据加工方法的不同，可再分为熏醋、香醋、麸醋等。人工合成醋又可分为色醋和白醋，白醋可再分为普通白醋和醋精。醋以酿造醋为佳，其中又以米醋为佳。人工合成醋也称醋精，这种醋不含食醋中的各种营养素，因此不容易发霉变质；但因没有营养作用，所以只能调味。国外还有酒精醋、葡萄酒精醋、苹果醋、葡萄醋、麦芽醋、蒸馏白醋等。

食醋按其用途来分，可分为以下 4 种类型。

烹调型。这种醋酸度为 5% 左右，味浓、醇香，具有解腻去膻助鲜的作用。适合烹调鱼、肉类及海味等。若用酿造的白醋，还不会影响菜原有的色调。

佐餐型。这种醋酸度为 4% 左右，味较甜，适合拌凉菜、蘸吃，对凉拌黄瓜、点心、油炸食品等，它都具有较强的助鲜作用。这类醋有玫瑰米醋、纯酿米醋与佐餐醋等。

保健型。这种醋酸度较低，一般为 3% 左右。口味较好，每天早晚或饭后服 1 匙（10 毫升）为佳，可起到强身和防治疾病的作用，这类醋有康乐醋、红果健身醋等。制醋蛋液的醋也属于保健型的一种，酸度较浓为 9%。这类醋的保健作用更明显。

饮料型。这种醋酸度只有 1% 左右。在发酵过程中加入蔗糖、水果等，形成新型的第四代饮料的醋酸饮料（第一代为柠檬酸饮料，第二代为可乐饮料，第三代为乳酸饮料），具有防暑降温、生津止渴、增进食欲和消除疲劳的作用，这类饮料有山楂、苹果、蜜梨、刺梨等浓汁，在冲入冰水和二氧化碳后就成为味感更佳的饮料了。

食醋在烹饪中的应用：①调和菜肴滋味，增加菜肴的香味，去除不良异味；②减少原料中维生素 C 的损失，促进原料中钙、磷、铁等矿物成分的溶解；③调节和刺激人的食欲，促进消化液的分泌，有助于食物的消化吸收；④在加工中可防止某果蔬类"锈色"的发生，如煮藕等易变色，放醋使它洁白；⑤可使肉类软化，具有一定的营养保健功能；⑥具有一定的抑菌、杀菌的作用，可用于食物保鲜防腐，如酸渍原料等。

7. 咖喱粉

咖喱是英文 "curry" 的译音，是由多种香辛原料配制而成的调味品，以印度产的质量最好。咖喱粉色深黄，味香、辣、略苦，在西餐中广为使用。目前我国的咖喱粉是以姜黄粉为主，与白胡椒、芫荽子、小茴香、桂皮、八角等配制而成。

咖喱的组成香料非常多，丁香、肉桂、茴香、小茴香子、豆蔻、胡荽子、芥末子、胡罗巴、黑胡椒、辣椒及用来上色的姜黄粉等均属之。这些香料均各自拥有独特的香气与味道，有的辛辣，有的芳香，交揉在一起，不管是搭配肉类、海鲜或蔬菜，将其融合而绽放出似是冲突又彼此协调的多样层次与口感，是咖喱最令人为之迷醉倾倒的所在。

咖喱粉主要用于烹调牛羊肉、鸡、鸭、螃蟹、土豆、菜花和汤羹等。

8. 柠檬汁

柠檬汁是新鲜柠檬经榨挤后得到的汁液，酸味极浓，伴有淡淡的苦涩和清香味道。柠檬汁含有糖类、维生素 C、维生素 B_1、维生素 B_2、烟酸、钙、磷、铁等营养成分。柠檬汁为常用饮品，亦是上等调味品，常用于西式菜肴和面点中。柠檬汁能增强免疫力、延缓衰老。

美国科学家发现，人体吸收柠檬苦酸后，能对口腔癌、皮肤癌、肺癌等癌症起到良好的预防作用。柠檬还能促进胃中蛋白分解酶的分泌，增加胃肠蠕动。柠檬汁中含有大量柠檬酸盐，能够抑制钙盐结晶，从而阻止肾结石形成，甚至可溶解结石，所以食用柠檬能防治肾结石，使部分慢性肾结石患者的结石减少变小。吃柠檬还可以防治心血管疾病，能缓解钙离子促使血液凝固的作用，可预防和治疗高血压和心肌梗死，柠檬酸有收缩、增固毛细血管，降低通透性，提高凝血功能及血小板数量的作用，可缩短凝血时间和出血时间 31%～71%，具有止血作用。鲜柠檬维生素含量极为丰富，是美容的天然佳品。

9. 葡萄酒

西餐中有许多菜肴可用葡萄酒来进行调香和增香。西餐烹调中所使用的葡萄酒以优质葡萄酒为最多，但在法国有时也用"舍利酒"，这是一种发酵后再添加各种不同的微生物制成的具有特殊香味的葡萄酒。在法国本土的宴席上，用白葡萄酒烹制的鱼类或虾类菜肴属高级菜肴之列，常常是用来招待贵宾的。食品科学家经过分析化验得知，葡萄酒中含有 200 多种成分，其中乙醇含量为 12%～15%，另外还含有多种糖分、有机酸、无机物质、含氮物质、单宁及酯类等各种呈味和呈香成分。例如，在烤鸡肉串和炒鸡杂的调料中有意识地添加些葡萄酒，不但可去除鸡的不良风味，还可使菜肴的口味更加诱人。

葡萄酒对于除去某些不新鲜原料的异味，也有比较明显的效果。此外，使用白葡萄酒可以有效除去河鱼的土腥味。一些白葡萄酒的口味也许会被牛肉或羊肉所掩盖，但它们为板鱼、虾、龙虾或烤鸡脯佐餐都会将美味推到极高的境界。

10. 橄榄油

橄榄油在地中海沿岸国家有几千年的历史，在西方被誉为"液体黄金"、"植物油皇后"、"地中海甘露"，原因就在于其极佳的天然保健功效、美容功效和理想的烹调用途。橄榄油被认为是迄今所发现的油脂中最适合人体营养的油脂。由于橄榄油在生产过程中未经任何化学处理，所有的天然营养成分保存完好，不含胆固醇，消化率可达到94%左右。橄榄油对婴幼儿的发育极为适宜，它的基本脂肪酸的比例与母乳非常相仿。

橄榄油在烹饪中的应用：①煎炸，橄榄油能反复使用不变质，是最适合煎炸的油类；②烧烤煎熬，橄榄油也同样适合用来烧、烤、煎、熬，使用橄榄油烹调时，食物会散发出诱人的香味，令人垂涎；③做酱料和调味品，用酱料的目的是调出食物的味道，而不是掩盖它，橄榄油是做冷酱料和热酱料最好的油脂成分，它可保护新鲜酱料的色泽；④腌制，在烹食前先用橄榄油腌过，可增添食物的细致感，还可烘托其他香料，丰富口感；⑤直接使用，特级初榨橄榄油直接使用时，会使菜肴的特点发挥到极致，可以像用盐那样来用橄榄油，因为特级初榨橄榄油会使菜肴口感更丰富、滋味更美妙；⑥焙烘，橄榄油还适合焙烘面包和甜点，比奶油的味道更好，可广泛用于任何甜品及面包。

二、调味酱类

调味酱类在西餐中用途极广，几乎每餐都离不开它。调味酱类的品种很多，常见的有蛋黄酱、沙拉酱、千岛酱、恺撒酱、番茄沙司、番茄酱、番茄膏、番茄汁、海鲜酱等。以下主要介绍蛋黄酱和番茄沙司。

1. 蛋黄酱

蛋黄酱（mayonnaise）音译为美乃滋，又称沙拉酱、白汁，是一种主要由植物油、蛋、柠檬汁或醋，以及其他调味料所制成的浓稠半固体调味酱。一般多用在沙拉等料理。一般做法中，蛋只使用蛋黄的部分，但也有使用全蛋的做法。

蛋黄酱的色泽淡黄，柔软适度，呈黏稠态，有一定韧性，清香爽口，回味浓厚。蛋黄中的磷脂有较强的乳化作用，因而能形成稳定的乳化液。油脂以2～4微米的微细粒子状分散于醋中，食用时水相部分先与舌头接触，所以首先给人以滑润、爽快的酸味感，然后才能察觉出油相的部分。以蛋黄酱为基本原料，可以调制出名目繁多的美食。例如，加入切细的洋葱、腌胡瓜、煮鸡蛋、芹菜等，可调制出炸鱼、牛扒，以及虾、蛋、牡蛎等冷菜的调味汁；添加番茄汁、青椒、腌胡瓜、洋葱等，可调制出用于新鲜蔬菜色拉或通心粉色拉的调味汁。一般用蛋黄酱与切成块状的熟土豆调配在一起，做成土豆沙拉，亦可与水果、蔬菜拌在一起，做水果沙拉、蔬菜沙拉。

蛋黄酱含有丰富的碳水化合物、蛋白质和脂肪等营养成分，蛋黄酱所含的热量在所有沙拉酱中是最高的。专家认为,这主要是由于蛋黄酱的原料一半以上来源于食用油,其次则是蛋黄,另加少许糖、食盐和醋。一汤匙蛋黄酱含热量 110 千卡,含脂肪 12 克,比相同分量的巧克力还高。

蛋黄酱的种类十分广泛,是制作西餐菜肴和面点的基本用料之一。蛋黄酱的品种也愈来愈多,衍生出各类半固体的调味酱、色拉调味汁、乳化状调味汁、分离液状调味汁等。

2. 番茄沙司

番茄沙司(tomato sauce)是一种以番茄为主要原料辅以各种其他调味料制成的酱料,一般作为制作肉食和蔬菜的酱料,但最常见于制作意大利面等食品时作为调料。番茄沙司有多种口味,最常见的有大蒜口味、甜椒口味、辣椒口味、海鲜口味。个别地区称之为番茄糊。番茄沙司得名于对"tomato sauce"的半直接音译。

番茄含有维生素 C,有生津止渴、健胃消食、凉血平肝、清热解毒、降低血压之功效,对高血压、肾脏病人有良好的辅助治疗作用。番茄中含有大量番茄红素,番茄红素含有对心血管具有保护作用的维生素和矿物质元素,能减少心脏病的发作。

番茄沙司是由番茄果肉加糖、食盐在色拉油里和大蒜等调味料一起烩炒调制而成的。番茄沙司一般包含番茄果肉泥、番茄丁、菜椒(红色、黄色、绿色)、番茄籽。以大蒜、牛至、罗勒、洋葱、辣椒粉、橄榄油等为调味辅料。番茄沙司和番茄酱最大的区别在于,番茄酱可以直接食用,而番茄沙司必须经过烹饪处理。

三、调味香料类

1. 香料

香料除了能带出食物原有的味道,更能保有独特的香味,增进菜肴的美味。若是几种香料组合,还能变化出各种不同的口味来。

1)小豆蔻种子:可调理羊肉、鱼肉浓汤;有助于缓解肌肉疲劳。

2)蒜碎:适用于面包、点心的配料。常吃蒜可使患直肠癌的概率减少 30%,可使患胃癌的概率减少 50%,此外吃蒜还有助于清除血液内的杂质。

3)黑胡椒碎:烧烤黑胡椒鸡的必备之料,适用于煲汤、各式米饭及印度式煎饼。黑胡椒不仅能改善体内血液循环,还可以分解脂肪,有助于瘦身。

4)白芝麻粒:多用于面包的烘烤。白芝麻是滋补润燥的佳品,能有效缓解冬季皮肤干燥。

5)混合胡椒:适用于各种肉类烧烤、各式汤。

2. 香料粉

香料粉使烹饪变得简单,可有效地调整和改善食品的品质和风味,同时也有着极为丰富的口感。尤其是复合香料粉往往能呈现出醇厚复杂的口感。

1）豆蔻粉：可用于煲制鸡肉、猪肉及牛肉，或用以烹制芝士乳酪；开胃消食，能缓解因虚寒导致的胃部疼痛，此外还有助于增强记忆力。

2）印度辛辣香粉：适用于印度风味各式咖喱肉菜类；能刺激食欲，促进消化。

3）丁香粉：常用于肉类火焗烤，解腻增香。丁香不仅能治疗牙疼，还是解毒佳品。

4）牙买加胡椒粉：用于各式鸡鸭煲、鱼类及海鲜腌制、骨头汤，还可用于各式炒饭及面。

5）鼠尾草粉：可作为鸡肉的填塞料，或者拌入芝士调味；能增强身体组织的收缩能力，并有利于女性受孕。

6）椒蒜蓉调味料：适用于各种肉类的煎、烤、炸，以及印度式羊肉汤和各式沙拉。

7）香芹粉：适用于各种肉及蔬菜汤。香芹不仅是天然的口气清新剂，还含有大量的维生素 B_1 与维生素 B_2。

8）肉桂粉：烧鹅、火鸡的填塞调料，烩煮鸡汤及番薯等根茎类蔬菜汤的上等好料，也可为糕点配料。除了可解毒、温胃外，还能增强细胞对胰岛素的反应，有助于治疗糖尿病。

9）意大利香草粉：意式香肠、腌肉的调味料，也可用于香草面包。

10）柠檬胡椒调味粉：用于各种肉类烧烤，调配沙拉酱；可改善体内血液循环，分解脂肪，有助于瘦身。

3. 香草

作为调味料的香草，无论从视觉、嗅觉、味觉角度，都会让烹调效果截然不同。香草可以广泛用于做馅、烧汤、烧烤、烘烤、煮粥、蒸饭等，同时具有装饰作用。香草中含有多种维生素、钾等物质，对健康也很有帮助。

1）莳萝叶：多用于鸡肉调味及腌制三文鱼，调制冷汤；有比维生素 E 还强的抗氧化功效。此外，还有助于消除口腔异味。

2）迷迭香叶：用于肉类烧烤，以及点缀比萨饼、意式面包。迷迭香有调经，调节血压和催眠的功效，同时也具备很好的抗癌活性。

3）西洋芫荽：适用于烧烤，可混入烧烤酱料，并用于点缀各式蔬菜汤。西洋芫荽含有多乙炔、香豆素、单松烯等多种抗癌活性成分。

4）香叶：月桂树的叶。月桂树原产地中海一带，我国南方有栽培。这种叶有浓郁的香气，在西餐中广泛使用。

5）甜紫苏叶：用于烹饪鱼、虾、蟹，可解毒去腥，也可于餐前开胃小烘饼佐食。紫苏有助于消除紧张和不安的情绪，缓解失眠。

6）罗勒叶：用罗勒叶片与乳酪、松子大蒜及橄榄油混合而成的罗勒酱，即为有名的意大利酱，搭配蔬菜及肉食用，可以令人食欲大增。罗勒除了有解毒的功效，还能纾解胃部胀痛。

7）芫荽叶：适用于烹煮各式汤，拌入粥或面条；能帮助发汗、治疗感冒发烧、缓解食滞胃痛症状。

8）香葱碎：用于汤类、调味汁及沙拉，或作为点缀装饰，可以帮助消化。香葱含黄烷醇，可以显著降低男性患前列腺疾病的危险。另外，还有助于消化。

9）混合香草：可混入馅料或腌制酱料中，适于豆类、南瓜和洋葱的烹饪。

10）薄荷叶片：多用于糕点、甜品佐料，或用作点缀装饰。薄荷中含有的氧化酶抑制成分能降低体内尿酸水平，改善风湿疼痛症状。

四、调味奶类

奶类食品在西餐中用途极广，几乎每餐都离不开它。奶类的品种很多，常见的有牛奶、酸奶、奶油、黄油、奶酪等。

1. 牛奶

牛奶在西餐中用途非常广泛，除作为饮料外，还可以做汤和菜，以早点中用量最大。

牛奶的营养价值很高，牛奶中的矿物质种类也非常丰富，除了人们所熟知的钙以外，磷、铁、锌、铜、锰、钼的含量都很多。最难得的是，牛奶是人体钙的最佳来源，而且钙磷比例适当，利于钙的吸收。牛奶的营养成分种类复杂，至少有 100 多种，主要成分有水、脂肪、磷脂、蛋白质、乳糖、无机盐等。人们进食的蛋白质中如果包含了所有的必需氨基酸，这种蛋白质便叫做全蛋白。牛奶中的蛋白质便是全蛋白。

2. 酸奶

酸奶是一种半流体的发酵乳制品，因其含有乳酸成分而带有柔和酸味，它可帮助人体更好地消化吸收奶中的营养成分。早在公元前 3000 多年以前，居住在安纳托利亚高原（现也称土耳其高原）的古代游牧民族就已经制作和饮用酸奶了。最初的酸奶可能起源于偶然的机会，那时羊奶存放时经常会变质，这是由于细菌污染了羊奶所致，但是有一次空气中的酵母菌偶尔进入羊奶，使羊奶发生了变化，变得更为酸甜适口了，这就是最早的酸奶。牧人发现这种酸奶很好喝，为了能继续得到酸奶，便把它接种到煮开后冷却的新鲜羊奶中，经过一段时间的培养发酵，便获得了新的酸奶。酸奶营养价值较高，有助于消化，易被人体吸收，一般用于西餐早点。

3. 奶油

奶油有鲜奶油和酸奶油之分。它们都是经过加工从牛奶中分离出来的，其主要成分是奶的脂肪和水分。鲜奶油为乳黄色，呈流质状态，在低温下保存可呈半流质状态，加热可溶化为液体，有一股清新芳香味。鲜奶油经乳酸菌发酵即成酸奶油。酸奶油比鲜奶油稠，呈乳黄色，有浓郁的酸奶制品的芳香味。鲜奶油和酸奶油在西餐中作为调味品广泛用于各种汤、菜及饭点中。

4. 黄油

黄油是从奶油中分离出来的，但不是纯净的脂肪，常温下为浅黄色的固体。黄油极易被人体吸收，而且含有丰富的维生素 A、维生素 D 及一些无机盐，气味芳香。黄油在西餐中用途很广，可直接入口，也可作为调料用于汤、菜、点心中。只要来到西餐厨房就可以闻到浓郁的黄油香味。这种独特的香味是西餐的一大特点。

5. 奶酪

奶酪又称干酪、起司（英文"cheese"的译音），是牛奶在蛋白酶的作用下浓缩、凝固，并经多种微生物的发酵作用制成的。色浅黄，呈固体状态。为了便于保存，成品都以杨梅色的腊皮做包装。奶酪营养丰富，可以切片直接食用，也可以调制各种菜肴。奶酪具有一种奇异的香味，不常吃者一般不太习惯，其实越嚼越香，是西餐中独具风味的奶制品。

第八节　中文菜名英译方法

如果酒店菜单的英译处理不当的话，让外宾难以理解菜单所要传达的信息，不仅会影响客人的胃口，更不能传播悠久的历史文化，因此，菜单的英译至关重要。中文菜单的英译和英文菜单的中译都是一项跨文化的传播工作，所以首先要了解中、西餐的饮食文化差异，了解原料、烹调方法上的差异再采取相应的翻译方法进行翻译的学习和训练。

2008 年，北京市人民政府外事办公室和北京商务局联合公布了《中文菜单英译法》，对中国常见的 2753 个菜品、主食小吃、甜点、酒类的名字做了英文翻译，规范了中文菜单的英译方法。这不仅架起了服务人员与顾客交流沟通的桥梁，也对传播中国博大精深的饮食文化起到了不可忽视的作用。

一、中西饮食文化差异

1. 饮食观念差异

从生存需要到精神享受，从古至今，饮食文化都是一种不可或缺的特殊文化。但是由于地域、气候、风俗等的差异，中西方国家在饮食文化上的差异异常明显，食物材料、加工方式等均存在明显差异。作为一种普通但特殊的社会现象，饮食文化也反映了一个国家一段历史时期的文化风貌。这种差异首先体现在饮食观念上。

西方饮食极其注重营养，保证每天摄入足够的蛋白质、热量、维生素等，尽量保证食材的天然营养，很少摄入他们认为没有营养的东西，如动物内脏等。而中国饮食把美味作为饮食的第一追求，讲究"色、香、味、形"俱全，各种食材经过加工之后协调地融合在一起，既有外在的"色"、"香"、"形"也有内在的"味"。

2. 烹调方式差异

饮食观念的差异导致了中西方的烹调方式也不尽相同。西方人为了保证天然营养，故口味较清淡，多生吃蔬菜。烹调方式以煎、炸、炒、烤为主要烹调方式，不用红烧等方式。食材加工主要应用于辅料，而主料通常以大块或整块出现。

在中国饮食中，在追求美味作为第一的同时，很多传统的食品都是经过长时间的文火炖煮或油炸的，各种食材及调味佐料的味道相互融合，但其营养成分也常常流失在过长的加工过程中。

中餐食材丰富，讲究"色、香、味、形"俱全，因此烹饪方法相当繁复，基本的烹调方法就有几十种，主要包括煮（boiling）、炖（simmering）、焖（stewing）、烧（braising）、炸/炒（frying）、烤（baking）、蒸（steaming）、熏（smoking）、白灼（scalding）。食材的加工方法也分切片（sliced）、切丝（shredded）、捣碎（mashed）、切碎（minced）、切丁（diced）、切柳（filleted）、酿入（stuffed）等。

3. 中西菜单的差异

西餐的菜单中按照顺序通常包括开胃菜（appetizers）、汤（soups）、副菜（starters）、主菜（main courses）、甜品（desserts）、沙拉（salads）、红茶或咖啡（tea/coffee）等饮料。

西餐菜单各类中分别列出菜名，所用的主料、辅料及烹调方法，整个菜单简洁实用、一目了然。而中餐的菜单一般由冷菜、热炒、主菜、甜菜、主食点心和汤类水果等项目构成。

由于食材繁多，加工方式和烹煮方式多种多样，不同的组合致使中餐的菜名也极为丰富、讲究。有的简单直接，在菜名中可以看出其用料和做法；有的则不然，用料极其复杂，无法在菜名中完全体现用料和烹调方式，有的蕴含一定的历史文化背景或充满地方风情，这类菜名通常或利用菜的色、香、味的特点取名，或运用文学修辞（如比喻、夸张等）使得中餐菜名形象逼真，令人垂涎欲滴，且可以以菜名迎合中国人讲求吉利的心理，如四喜丸子、全家福等。

二、中餐菜单翻译方法

中西方饮食文化的差异给中餐菜单的翻译带来了很多障碍。但翻译的目的首先要明确，要让客人一目了然，不会产生误解，在此基础上才能为传播饮食文化做贡献。因此，翻译一定要符合英语语言习惯，准确清晰地描述菜品。下面采取《中文菜单英文翻译》中菜肴的英译菜单的方法。

1. 直译方法

中餐菜单中大部分的菜名主要包含了主料、配料、烹制方法、刀法及菜式特色。在这些菜肴中有些包含了所有方面，有的则只含有其中的一两个方面。翻译这类菜肴相对简单，可以采用直译法。常见的有以下几种。

（1）名称/形状＋with＋配料

这种翻译适用于主料和配料在营养或名字上比较有吸引力的菜品，如：

菇扣鸭掌　mushrooms with duck webs

窝鸽蛋　bird's nest with pigeon eggs

菜鹑蛋　quail egg with seasonal vegetable

仔烧海参　sea cucumber with shrimp roe

有时汤汁成为菜的重要佐料的时候或主料是浸在汤汁中的，则在翻译时，浓汤依然用 with，而清汤用 in，如：

　　蟹汤红焖狮子头　steamed porkballs with crab soup

　　冰梅凉瓜　bitter melon in plum sauce

（2）烹制方法（动词过去分词）＋主料名称/形状（＋with＋配料）

这种翻译运用最多，既突出了烹调方法的特色，也让外国友人对食材有所了解，如：

　　火爆腰花　sautéed pig kidney

　　拌苦菜　mixed bitter vegetables

　　琥珀核桃　honeyed walnuts

　　木瓜腰豆煮海参　braised sea cucumber with kidney beans and papaya

（3）烹制方法（动词过去分词）＋主料名称/形状＋in＋汤汁/烹制容器

有时菜品的食材需要加入特色熬制的汤汁或用特色容器烹制而成。为了突出菜品特色，通常在名字当中也加入烹制容器。翻译的时候可沿用其格式，让外国友人了解中国各种特色的烹制容器和烹制方法，如：

　　京酱肉丝　sautéed shredded pork in sweet bean sauce

　　生焗海参煲　braised sea cucumber in casserole

　　鲍汁鸡腿菇　braised mushrooms in abalone sauce

（4）烹制方法（动词过去分词）＋刀法（动词过去分词）＋食材

如前所述，中餐中不仅烹制方法多样，食材的加工也是各种各样。对那些突出其烹制方法和加工刀法的菜品，可采用此类翻译，如：

　　豉椒鳗鱼丝　sautéed shredded eel with peppers in black bean sauce

　　XO 酱花枝片　sautéed sliced cuttlefish in XO sauce

2. 意译方法

中餐菜单不仅尽量做到色香味俱全，还尽量以名字来吸引人，并不总是以做法或食材来吸引人。有的用了修辞，如乌龙吐珠、罗汉肚等；有的菜名和历史事件或历史传说等有关，如叫花鸡、毛家红烧肉等；还有一些属于地方特色菜，如川式红烧肉等。如果这些都采用直译的话，如红烧狮子头曾被译为 Braised Lion's Head，估计没人敢吃这样的菜，更谈不上饮食文化的传播。因此，对这些形式的菜名可以采取意译，或在直译的基础上附简短的英文注释。例如：

　　红烧狮子头　stewed pork ball in brown sauce

　　罗汉肚　pork tripe stuffed with meat

　　毛家红烧肉　braised pork，mao's family style（one of chairman mao's favorite dishes）

　　麻婆豆腐　mapo tofu（sautéed tofu in hot and spicy sauce）

3. 音译方法

有不少中国特色食品尽管也可以按照直译或意译的方法进行翻译，但是外国人都已听说或甚至已经接受，也有一些菜名无法体现做法及配料的，这两类都可以使用汉语拼音或已经被接受的地方语言，或在此基础上附加简介。例如：

饺子　jiaozi　豆腐　tofu　锅贴　guotie（pan-fried dumplings）

粽子　zongzi（glutinous rice wrapped in bamboo leaves）

佛跳墙　fotiaoqiang—steamed abalone with shark's fin and fish maw in broth

第九节　中文菜名英译训练

要将中餐菜单翻译成英文，就得先掌握中餐菜名的构成和命名方法。中餐菜名通常由原料名称、烹制方法、菜肴的色香味形器、菜肴的创始人或发源地等构成。这种叫做写实性命名法训练，还有反映菜肴深刻含义的写意性命名法训练。

由于汉语和英语的差异很大，训练时应该采用写实性命名法，尽量将菜肴的原料、烹制方法、菜肴的味型等翻译出来。

一、以主料开头的翻译方法训练

1) 杏仁鸡丁　chicken cubes with almond。

2) 芥末鸭掌　duck webs with mustard sauce。

3) 西红柿炒蛋　scrambled egg with tomato。

4) 葱油鸡　chicken with scallion in hot oil。

二、以烹制方法开头的翻译方法训练

1) 软炸里脊　soft-fried pork fillet。

2) 红烧牛肉　braised beef with brown sauce。

3) 鱼香肉丝　fried shredded pork with Sweet and sour sauce。

4) 炒鳝片　stir-fried eel slices。

三、以形状或口感开头的翻译方法训练

1) 陈皮兔丁　diced rabbit with orange peel。

2) 椒麻鸡块　cutlets chicken with hot pepper。

3) 香酥排骨　crisp fried spareribs。

四、以人名或地名开头的翻译方法训练

1) 麻婆豆腐　ma po beancurd。

2) 东坡煨肘　DongPo stewed pork joint。

3) 北京烤鸭　roast Beijing duck。

五、中餐菜单翻译训练

1. 中式早点训练

烧饼　clay oven rolls　油条　fried bread stick　韭菜盒　fried leek dumplings

水饺 boiled dumplings　蒸饺 steamed dumplings　馒头 steamed buns
割包 steamed sandwich　饭团 rice and vegetable roll　蛋饼 egg cakes
皮蛋 100-year egg　咸鸭蛋 salted duck egg　豆浆 soybean milk

2. 饭类训练

稀饭 rice porridge　白饭 plain white rice　油饭 glutinous oil rice
糯米饭 glutinous rice　卤肉饭 braised pork rice　蛋炒饭 fried rice with egg
地瓜粥 sweet potato congee

3. 面类训练

馄饨面 wonton & noodles　刀削面 sliced noodles
麻辣面 spicy hot noodles　麻酱面 sesame paste noodles
鸭肉面 duck with noodles　鳝鱼面 eel noodles
乌龙面 seafood noodles　榨菜肉丝 pork, pickled mustard green noodles
牡蛎细面 oyster thin noodles　板条 flat noodles
米粉 rice noodles　炒米粉 fried rice noodles
冬粉 green bean noodle

4. 汤类训练

鱼丸汤 fish ball soup　贡丸汤 meat ball soup
蛋花汤 egg & vegetable soup　蛤蜊汤 clams soup
牡蛎汤 oyster soup　紫菜汤 seaweed soup
酸辣汤 sweet & sour soup　馄饨汤 wonton soup
猪肠汤 pork intestine soup　肉羹汤 pork thick soup
鱿鱼汤 squid soup　花枝羹 squid thick soup

5. 甜点训练

糖葫芦 tomatoes on sticks　长寿桃 longevity Peaches
芝麻球 glutinous rice sesame balls　麻花 hemp flowers

6. 冰类训练

绵绵 mein mein ice　麦角冰 oatmeal ice
地瓜冰 sweet potato ice　红豆牛奶冰 red bean with milk ice
八宝冰 eight treasures ice　豆花 tofu pudding

7. 果汁训练

甘蔗汁 sugar cane juice　酸梅汁 plum juice
杨桃汁 star fruit juice　青草茶 herb juice

8. 点心训练

碗糕　salty rice pudding	筒仔米糕　rice tube pudding
红豆　red bean cake	绿豆糕　bean paste cake
糯米糕　glutinous rice cakes	萝卜糕　fried white radish patty

第十节　西餐烹饪方法译名

1. 水浸（poaching）

Food cooked in water or stock in uncovered pot at 70～80℃ usually fish, eggs, also chicken.

将食物置于水或高汤中，锅不加盖，温度为 70～80℃，通常用于煮鱼/鸡蛋/鸡等。

2. 水煮（boiling）

Food cooked in water or stock in covered or uncovered pot at 100℃ usually vegetables, potatoes, rice, and pasta.

将食物置于水或高汤中，锅加盖与否均可，温度至 100℃，一般适于蔬菜、土豆、大米、面食。

3. 蒸（steaming）

Food cooked in a container with water. Food is kept on a grid or perforated sheet above the level of the water. Cooked at 200～220℃, used for vegetables, potatoes, rice also certain meats and poultry.

将食物放进容器然后置于水中。食物放在高出水面的格子里或穿孔的金属片中，温度在 200～220℃，一般适于蔬菜、土豆、大米，以及一些肉类或家禽。

4. 油炸（deep fat frying）

Food cooked in a bath of oil at 180～200℃. Used for fish, potatoes also meat, poultry, vegetables, fritters, doughnuts and other desserts.

将食物放进温度为 180～200℃ 的油锅中，一般适于鱼类、土豆、肉类、家禽、蔬菜、碎屑、圈饼及其他甜点。

5. 炒（sautéing）

Food cooked in a fry pan (Saute' pan). A small amount of oil. Usually finely sliced vegetables, potatoes, meat and poultry. Pan frying—same principle but larger amount of oil, usually for poultry, large fish.

将食物置于平底锅中，加少量油，通常用于加工片状的蔬菜、土豆、肉类和家禽。

Pan-frying（煎）与 Sautéing 的方法一样，只是油较多一些，通常用于家禽、大一点的鱼。

6. 炙烤/扒（broiling/grilling）

Food which is brushed with a little oil and cooked on a grill（or rack）with the heat source either above or below the grill. Used for steaks，chops，cutlets，also poultry，fish.

将食物唰少量的油，置于烤架（或其他的架子上），其火源放在烤架上方或下方均可。通常适用于牛排、羊排、肉排、家禽或鱼。

7. 烘焙（baking）

Food which is cooked in the oven（140～250℃）without adding either fat or liquid. Used for cakes，pastries pies also fish，ham potatoes and pasta dishes.

将食物置于烤箱中（140～250℃）不用加脂肪或水。通常用于糕点、饼、派，同样适用于鱼类、火腿、土豆、面食。

8. 焙烤（roasting）

Food cooked in the oven in fat or liquid（150～177℃）usually top grades of beef，poultry，fish，game also potatoes and some vegetable.

将食物置于烤箱中（150～177℃），加少量的脂肪或水。通常适用于上等的牛肉、家禽、鱼类、野味、土豆或蔬菜。

9. 烧（braising）

Food cooked in the oven in an enclosed pot with liquid and usually vegetables. Usually not top grades of beef—can be chuck，briskets etc. Cooked longer and at a lower temperature than roasting/baking.

将食物置于烤箱中，同时附有一个装水和蔬菜的罐。通常不需上乘的牛肉，牛颈、牛腩即可。比烘焙和焙烤所需时间较长，但温度稍低。

第三章　西式厨房认识

学习目标：通过本章课程学习，使学生了解和掌握西餐烹饪相关知识的能力，尤其是西式厨房岗位认识的能力、西餐厨房烹调设备、厨房各岗位工作职责认识的能力、厨房各岗位量化工作认识的能力、个人素质工作责任心等认识的能力，初步具备制作合格产品的工作认识能力，具备注重卫生、注重营养，在生产流程中善于沟通和合作的品质，为上岗就业奠定必需的职业能力。

第一节　岗位认识

不同的西餐厅厨房，因经营面积、营业餐位、出品档次、消费群体的不同，在岗位配置和就业群体方面存在较大的差异。普通西餐厅厨房的岗位配置主要是泊车手、迎宾员、服务员、传菜员、保洁员、收银员兼接线员、吧台调酒师、厨师长、厨师、厨工、切配工、杂工、厨房主管及餐厅总经理等职务。因此，按照普通西餐厅的岗位配置，结合某些岗位需要多名从业人员的状况，一家普通西餐厅的营业管理人员一般维持在20～30名左右。

一、人员的结构

1）行政总厨（executive chef；head chef；chef de cuisine）。

2）大厨（head chef；chef de cuisine）。

3）二厨（second chef；sous chef）。

4）厨师领班（chef de partie）。

5）主厨分管各条线（demi chef）。

6）厨师助手（commis chef）。

7）学徒（trainne；apprentice），在西方国家一般学徒要做4年。

二、厨师的职责

西式厨房有糕点房（pastry chef）和冷菜房（cold larder chef），人员有沙司厨师（sauce chef）、做鱼的厨师（fish chef）、烤肉的厨师（roast chef）、蔬菜厨师（vegetable chef）、做汤的厨师（soup chef）。

1）大厨（head chef or chef de cuisine）工作职责：管理厨房，安排人员，设计菜单，定购原材料，宴席设计等厨房管理工作。

2）二厨（second chef or sous chef）工作职责：协助大厨管理厨房，是每组领班（chef de partie）的直接上级。

3）沙司厨师（chef saucier）工作职责：准备肉类，禽类菜肴和厨房的酱汁和配菜。

4）烤炉厨师（chef rotisseur）工作职责：准备肉类，禽类，鱼类和蔬菜类等各种食物，需要用烤箱、烧烤架或者炸炉来操作并完成所有的酱汁，一般是主菜厨师。

5）鱼类烹调厨师（chef poissonier）工作职责：准备鱼类菜品和其相配的酱汁，一般不用烤和炸。

6）蔬菜烹调厨师（chef entremettier）工作职责：准备所有的蔬菜菜品，但不用烤箱，烤架或者炸炉，同时也负责鸡蛋，米饭，意大利粉等菜品的烹调。

7）汤类烹调厨师（chef potager）工作职责：准备汤类菜品的烹调在大型的传统厨房也要准备鸡蛋，米饭等工作。

8）冷菜厨师（chef garde-manager）工作职责：准备所有的冷菜，包括自助餐的冷盘，鸡尾酒的小吃，三明治和所有的冷的酱料。

9）蛋糕师（chef patissier）工作职责：西式厨房所有的甜品和面包。

三、工作间任务

西餐厨房对专业工作间进行了细致的分工，一般分为生肉加工间、生菜加工间、冷菜加工间、热菜加工间和面点加工间等，不同的加工间主要工作任务如下。

1. 生肉加工间

生肉加工间的任务是把动物性原料进行初步处理和存储等。另外就是将需要的进行初加工的原料去毛、去皮、洗净、开生、剔骨、合理分档、分类等工作。冷藏时，冰箱的温度应在 $-5℃ \sim 0℃$。生肉加工间应按厨师长每天开列出的菜单进行准备工作，还要按菜单要求的形状，进行切片、切块、切条、拍薄、挂皮、成形腌制入味等工作。加工间是第一道工序，也是最重要最基本的工序。为下道工序打好基础，对菜肴的色、香、味、形起着重要的作用。

2. 生菜加工间

生菜加工间的任务是保存蔬菜、切配炉灶和汤锅所需的菜码及配菜，以及蔬菜的洗涤去皮、蒸米饭等。它与加工间区别就在于负责植物性原料的保管切配成型。

3. 冷菜加工间

冷菜加工间的主要任务是主管制作各种冷菜。其特点是拼摆的冷盘样多，艺术性强。由于冷菜间没有加热工序，对卫生要求极高，如果有细菌污染，可能造成食物中毒事故。冷菜间还要负责每天饭后点心的制作。

4. 热菜加工间

热菜加工间的任务是用炉灶烹调食物，也就是常说的炒菜，它是食品加工的最后一道工序，将加工间和生菜间提供的半成品，经过烹调使之成为色、香、味形俱佳的食品。在热菜间工作，要熟悉原料的性能，荤素的搭配，营养的保存，火候的运用等。

5. 面点加工间

面点加工间是各加工间中唯一能单独工作的加工间，它不需要其他加工间的配合，就能制出食品。其任务是制作各种面包、蛋糕、各种奶油点心、饼干及茶点。总之，凡是面点的食品均由该加工间供应，品种的多少及质量的高低，要视面点厨师的技术。

第二节　西式厨房用具和设备

一、厨房工具

1) 主刀（main knife）：刀锋长 25 厘米，用来切片，切丝。

2) 蔬菜刀（vegetable knife）：刀锋大约长 10 厘米，用来削皮。

3) 剔骨刀（boning knife）：用来剔肉类和禽类的骨头。

4) 片肉刀（filleting knife）：15 厘米长，通常刀身是软钢做的可用来片鱼、肉和去皮用。

5) 熟食刀（carving knife）：刀锋长 30 厘米，切火腿或火鸡的刀，通常只切烧熟的肉。

6) 面包刀（bread knife）：刀锋长 30 厘米。

7) 甜品刀（palette knife）：主要用来铲、刮、涂抹和光滑各种食物，蛋糕，甜品的表面。

图 3.1　西式厨房刀具

西式厨房刀具如图 3.1 所示。

二、餐具

餐饮用具三大件主要指刀、叉、匙。刀分为食用刀、鱼刀、肉刀、黄油刀和水果刀；叉分为食用叉、鱼叉、肉叉和虾叉；匙则有汤匙、甜食匙、茶匙之分。公用刀、叉、匙的规格明显大于餐用刀叉。刀、叉、匙、摆盘如图 3.2 所示。

图 3.2　刀、叉、匙、摆盘

餐饮用具包括刀、叉、匙、盘、杯、餐巾等。其中盘又有菜盘、布丁盘、奶盘、白脱盘等；酒杯更是讲究，正式宴会几乎每上一种酒，都要换上专用的玻璃酒杯。例如，红酒杯，杯口较窄，杯肚较宽；白葡萄酒杯，杯身较长，杯肚较瘦，像一朵含苞待放的郁金香；香槟杯，杯身细长，像一朵纤细的郁金香。宴席餐巾花如图 3.3 所示。

图 3.3　宴席餐巾花

宴席专用的各种玻璃酒杯如图 3.4 所示。

图 3.4　宴席专用的各种玻璃酒杯

三、设备

西餐烹调的厨房设备很多，主要可以分为炉灶设备、食材制冷设备和厨房常用小型加工设备。炉灶设备包括炉灶、烤炉、铁扒炉、平面煎板、明火炉、微波炉、蒸汽汤炉、蒸汽炉、深油炸炉、倾斜式多功能加热炉等。食材制冷设备包括菜肴展示冷柜、立式冷柜、工作台冷柜、透明立式冷柜等。厨房常用小型加工设备包括饮料机、榨汁机、咖啡机和饮水机等。

1. 炉灶设备

（1）炉灶

炉灶又称四眼灶或六眼灶，有燃气灶和电灶两种。一般用钢或不锈钢制成，灶面平坦，下部一般附有烤箱。高档炉灶还有自动点火和温控装置。燃气灶和电灶如图 3.5 所示。

（2）烤炉

烤炉又称烤箱。从热能来源上分主要有燃气烤炉和远红外电烤炉。从烘烤原理上分，又有对流式烤炉和辐射式电烤炉两种。现在主要流行的是辐射式电烤炉，其工作原理主要是通过电能的红外线辐射产生热能，烘烤食品。主要由烤炉外壳、电热管、控制开关、温度仪、定时器等构成。烤炉如图 3.6 所示。

图 3.5　燃气灶　　　　　　　　　图 3.6　烤炉

（3）铁扒炉

铁扒炉又称烧烤炉。其表面架有一层槽型铸铁条，铁条宽约 1.5 厘米，条间间距约 2 厘米。热能来源主要有电、燃气和木炭等，通过下面的辐射热和铁条的传导，使原料受热。使用前应提前预热。铁扒炉如图 3.7 所示。

（4）平面煎板

平面煎板又称平面扒板。其表面是一块 1.5～2 厘米厚的平整的铁板，四周是滤油槽，铁板下面有一个能抽拉的铁盒。热能来源主要有电和燃气两种，靠铁板传热使被加热物体均匀受热。使用前应提前预热。平面煎板如图 3.8 所示。

图 3.7　铁扒炉　　　　　　　　　图 3.8　平面煎板

（5）明火炉

明火炉又称面火炉，是一种立式的扒炉，中间为炉膛，有铁架，一般可升降。热源在顶端，一般适于原料的上色和表面加热。明火炉如图 3.9 所示。

（6）微波炉

微波炉的工作原理是利用电磁管将电能转换成微波，通过高频电磁场使被加热物体分子剧烈振动而产生高热，加热效率高。微波电磁场由磁控管产生，微波穿透原料，使加热体内外同时受热。微波炉加热均匀，食物营养损失少，成品率高，并具有解冻功能。但微波加热的菜肴缺乏烘烤产生的金黄色外壳，风味较差。微波炉如图 3.10 所示。

图 3.9　明火炉

图 3.10　微波炉

（7）蒸汽汤炉

蒸汽汤炉多为圆形，有盖容积较大，通过管道蒸气加热。一般有摇动装置，能使汤炉倾斜。由于用蒸气加热，不会糊底，适于长时间加热制汤。蒸汽汤炉如图 3.11 所示。

（8）蒸汽炉

蒸汽炉有高压蒸汽炉和普通蒸汽炉两种。主要是利用封闭在炉内的水蒸气对被加热体进行加热。高压蒸汽炉最高温度可达 182℃，食品营养成分损失少、松软、易消化。蒸汽炉如图 3.12 所示。

图 3.11　蒸汽汤炉

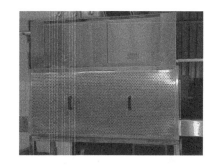

图 3.12　蒸汽炉

（9）深油炸炉

深油炸炉一般为长方形，主要由油槽、油脂过滤器、钢丝篮及热能控制装置等组成。深油炸炉大部分以电为能源加热，能自动控制油温，主要用于炸制食品。深油炸炉如图 3.13 所示。

（10）倾斜式多功能加热炉

倾斜式多功能加热炉主要由两部分组成，上半部为长方形的容器锅，有盖，容积大，下半部是加热装置，主要由加热容器锅、电热元件、热能控制装置、摇动装置等组成，加热容器锅能倾斜。倾斜式多功能加热炉用途广泛，适用于煎、炸、煮、蒸、烩等多种烹调方法。倾斜式多项能加热炉如图 3.14 所示。

图 3.13　深油炸炉　　　　　　　图 3.14　倾斜式多功能加热炉

2. 食材制冷设备

西餐厨房食材制冷设备主要有菜肴展示冷藏柜、立式冷柜、工作台冷柜和透明立式冷柜，分别如图 3.15～图 3.18 所示。

图 3.15　菜肴展示冷藏柜　　　　　　图 3.16　立式冷柜

图 3.17　工作台冷柜　　　　　　图 3.18　透明立式冷柜

3. 厨房常用小型加工设备

西餐厨房常用小型加工设备有饮料机、榨汁机、咖啡机和饮水机，分别如图3.19～图3.22所示。

图3.19 饮料机 　　　　　　　　　　　　图3.20 榨汁机

图3.21 咖啡机 　　　　　　　　　　　　图3.22 饮水机

第三节 烹饪导热方式

熟悉西式烹调导热的方式，有助于控制好味道的调和、营养的保存、形状的构成，只有这样才能保证食物的色、香、味、形几种效果的完美统一。掌握和灵活应用烹调方法是学习西式烹调的重点和关键。

一、导热原理区分

1. 传导

热从物体温度较高的部分沿着物体传到温度较低的部分叫作传导（pan）。

烹调热的传导是指由热源体通过不同导热媒介将热能传导至食物，使食物由生变熟。热的传导应该是和中国传统的烹饪技巧炒锅的方法一致的，但西餐一般是使用小型的平底的煎锅，也可以直接放进烤箱里进行传导。导热方法表现为煎、炸、炒等。

2. 对流

靠液体或气体的流动来传热的方式叫作对流（oven or steamer）。

烹调热的对流是指热空气与冷空气间的对流，热空气快速流向冷空气，或热水热油与冷水凉油间的快速对流，使食物由生变熟。对流也可以在西式的烤炉里形成。导热方法有空气对流和冷热水对流两种。空气对流表现为蒸、烤，冷热水对流表现为煮、烩等方法。

3. 辐射

辐射热由物体沿直线向外射出叫做辐射。

烹调热的辐射是指由不同热源体直接将热能辐射到食物上，使食物由生变熟。辐射是使用西式的顶部辐射烤炉，利用烤炉里电热元件发出的辐射热烤制食物的。导热方法表现为烤、烧等。

一般情况下，热传递的 3 种方式往往是同时进行的。严格地说，物理中热传递的方式只有辐射和传导两种。传导是需要媒介的，辐射不需要媒介在真空中同样可以进行。

有时，热传导过程往往和对流同时发生。各种物质都能够传导热，但是不同物质的传热本领不同。善于传热的物质叫做热的良导体，不善于传热的物质叫做热的不良导体，如各种金属都是热的良导体，动物肉都是热的不良导体。

二、导热法

1. 水导热法

水导热法是利用水的温度导热使原料由生变熟。特点：油腻小、清爽软嫩。水导热法目的有两个：一是取食物的汤汁；二是煮熟食物。原料取汤汁时要冷水下入，营养物质会随水温的升高而不断分解，慢慢溢出溶于汤里，这样煮的汤汁浓，并且味美、富含营养。如果取其煮熟的食物，则尽量热水下锅，使食物本身尽可能地保存营养不流失。

2. 油导热法

油导热法是以煎盘、炸锅等器皿根据不同菜肴放适量的油，在火上把油加热后下入原料，根据不同的原料利用不同的油温将食物制熟。油温一般分为温油、热油和烈油 3 种。油导热法主要可分煎、炸、炒 3 种。

1）煎，西餐烹调中常用的一种技法。一般煎制食物油量不宜过多，以布满煎盘底为宜。煎制时间的长短，应根据原料的薄厚和质地的老嫩而定。例如，煎牛肉扒，因体厚不易熟，油不宜太热，煎制时间应长一些；煎制猪肉片，因体薄肉嫩，一般上色即熟，煎制时间应短一些。

2）炸，适用于炸的食物很多，但应以质地较软的精料为宜。炸制食物油量要宽一些，以超过所炸食物为宜。炸制食物适合用热油，炸制食物有外焦里嫩、香酥脆软的特点。

3）炒，西餐中凡是炒制的食物，大多用调料来配合，用油量少于煎，均用热油，经炒制后的食物大部分带有汤汁，其特点汁浓醇香、鲜嫩、滋味厚美，如炒奶油鸡丝、里脊丝等。

3. 空气导热法

空气导热法是利用空汽的温度导热使原料由生变熟。空气温度的高低，是由火力、电力或液化气的大小来决定的。导热特点：使原料产生香气并且能保持原料形状。用空气导热有两种形式。

1）封闭式。封闭式空气导热法由原料的种类、质地的软硬、重量的多少和炉温的高低决定。例如，烤制大块肉类或家禽时，时间需长一些。这是因为肉是热的不良导体，肉的导热能力差，所以当肉烤制皮脆时，色泽将要达到要求时，需在烤盘里加适当的水或汤再继续烤制。

2）敞开式。敞开式空气导热法以明火烧烤，把经过腌制好的原料穿在扦子上或铁丝制成的篦子上直接上火熏烤。这种方法制出的食物油腻较少，外焦里嫩，有一种特有的熏烤味道，别具一格。

4. 金属器皿导热法

金属器皿导热法是把腌制好的食物原料置于烧热的器皿上，通过金属器皿的热度使腌制好的原料由生变熟。用这种方法制熟的食物独具风格。金属器皿导热法分 3 种：一是"铁扒"导热；二是用火锅导热；三是用炉板导热。

第四节　厨房工作职责认识

一、厨房各岗位工作认识

1. 西厨厨工岗位职责

1）负责协助厨师做好出品工作，如帮砧板、炉头、沙律档等工作。

2）负责厨房每日的物料、食品的领取及厨房开炉、打荷等工作。

3）负责砧板的厨工每天上班前要检查冰柜的用料是否够用，配料是否齐全、是否变坏，按各种用料的需求来预计用料量。保持食品新鲜度，生熟食品分开存放。

4）负责汁水的厨工，每天要检查所需的冻热汤汁是否够量，调味是否恰到好处，并密封存放在冰柜中。同时要严格按顺序出菜。

5）对肉类的切割要斤两准确，熟悉肉类的配制和保存。负责厨具的清洁，把剩余的食品等放回冰柜保存，并做好炉头的清洁。

2. 西厨厨师岗位职责

1）在西厨主厨的领导下，严格按菜式规定，烹制各种菜式，保证出品质量。

2）熟悉各种原材料的名称、产地、特点、价格、起成率、淡旺季，协助总厨检查购进货源的鲜活、质量、数量是否符合要求，发现问题，及时向领班、主管汇报。

3）遇到货源变化、时令交替时，协助设计、创新烹制新菜式。

4）按总厨分工，完成大型宴会、酒会的菜品制作任务。

5）协助管理和爱护本岗位各项设备用品，有损坏及时补充及报修。

6）总厨做好年终、月终所有设备用品的盘点工作。负责运送与提取经批准的各种食品。

7）清理工作台面，保持工作区域的清洁卫生，及时冷藏食品、蔬菜及剩余物品，以减少浪费。

8）清扫冰箱、冷库，各种食品须放入适当的容器，并在货架上码放整齐。

3.西厨大厨岗位职责

1）协助行政总厨搞好每天工作，负责西厨房的工作安排。

2）协助行政总厨制定西餐厅菜牌、厨房菜谱及食品价格，起承上启下的作用。

3）布置工作任务安排工作细节，对员工给予指导和监督，处理工作中的问题。

4）安排西厨房人员的工作排班时间表，合理分配人力，必要时安排员工加班。

5）做好西厨房财产管理，协助行政总厨检验食品质量，制订采购计划确保使用正常。

6）监督检查员工的个人卫生，加强各岗位人员的业务知识培训，严格执行员工纪律。

7）西厨房设备的保养，并且确保不使用肮脏和破损的餐具用具，训练员工按照规程操作。

8）经常检查各岗食品出品质量，食品味道成色所要求的温度及菜肴的份额。

9）熟悉食品卫生法及操作安全知识，禁止患病员工进行操作或取送食品。

10）定期对部门的工作进行总结，对员工的表现作考核并向上级汇报。

11）妥善使用西厨房内的设备，经常清洁保养如发现问题及时报工程部维修。

4.西厨厨师长岗位职责

西厨厨师长主要工作职责是协助总厨全面负责西厨房各点的生产管理工作，带领员工从事菜肴及包饼制作，保证向宾客及时提供达到规定质量之产品。具体如下。

1）协助总厨做好西厨房生产、人员的组织管理工作。

2）根据总厨要求，制订年度培训、促销等工作计划。

3）负责咖啡厅厨房及西厨房人员的调配和班次的计划安排工作。

4）负责指导咖啡厅厨房及西餐厨房领班工作，搞好协调工作，及时解决出现的问题。

5）负责西餐厨房员工培训计划的制订和实施，研制新菜点品种，保持西餐的风味特色。

6）督促员工执行卫生法规及各项卫生制度，严格防止食物中毒事故的发生。

7）根据厨师的技艺专长和工作表现，安排合适的工作岗位，对下属进行考核评估。

8）审签原料订购和领用单，把好成本控制关。

9）负责对西厨房各点所有设备、器具的正确使用情况进行检查与指导。

10）负责制定西餐菜单，对菜点质量进行现场指导把关，重大任务亲自操作以确保质量。

11）根据菜单，制定菜点的规格标准；检查库存食品的质量和数量，合理使用食品原料。

12）主动与餐厅经理联系，听取宾客及服务部门对菜点质量的意见，与采购供应等部门协调关系，不断改进工作。参加餐饮有关会议，就改进西餐生产和管理工作及时向总厨汇报。

二、厨房标准化工作认识

出品时间：在完成出品工作中，必须保证 8 分钟内上食品。有些食品出品时间可适当延迟，40 分钟内上完菜。菜与菜之间应保持紧凑连贯，间隔不得超过 7 分钟。海鲜类菜肴的分发、分送处理工作要做到"准、快、明"。

上菜次序：按工作标准中的有关规定上菜，确保上菜次序。在工作中，必须看清菜单、菜式，特别是海鲜，须清楚烹制方法和加工手法。

上菜分量：上菜分量、数量须均匀。菜与肉的斤两搭配按"标准菜谱"规定进行配制。例如，大虾、中虾要求有个数和分量标准。

上菜质量：不得销售已变质、有异味、不新鲜、带异物的食品。在营业时间内，须保证各项菜式、小食、主食等食品的供应。在厨房工作中，一切菜式应根据规格价格来控制分量，做到配料精确标准化。

三、个人素质及责任心认识

厨房内严禁吸烟及乱摆乱放乱丢杂物。男职员头发不过耳、不披肩、不留长胡子和长指甲。女职员指甲、衣服、鞋须干净整洁。

要有粗料细做的精神，对出品追求精致，控制分量，适当调整售价。注意入厨的物品每样心中有数，不得随处乱扔乱放。对于遗失、单据不全的食品，必须及时通知主管和有关部门快速解决。对本岗位工作要"了如指掌"，做到心中有数，对答一清二楚不能说"不知道"。

对于中、高档出品要严格写出制作标准。认真检验出品质量，并把好品质鉴定各关口，以色、香、味、形、美为标准。所有需烹制的食品必须看清做法、台号，禁止"张冠李戴"式地出菜。总厨长负责热菜制作过程的质量抽查，并且进行技术指导。厨师长负责热菜制作过程的督导和检查，确定宴会席单，控制毛利率。负责招牌菜制作并且进行技术指导。

四、经营服务项目认识

1）营业时间：西餐厅大多以经营正餐为主，每天对外营业时间一般从早上 10 点开始营业，营业到晚上 11 点左右，一般最晚不超过午夜 12 点。

2）服务项目：西餐的服务项目与普通的餐饮服务项目类似，包括营造餐饮氛围、提供精美杂志以及美味佳肴等。由于西餐文化与中餐文化不同，其服务项目和内涵也不尽相同，且西餐没有菜系的概念，只有式样的区别，而且是以地区和口味来分别。作为经营者，必须选择一种式样作为自己的经营风格，并结合自身对西方文化的理解，创新管理，具体的服务项目包括配置西餐、研发甜点等。

第五节　西式厨房工作规范

厨房操作规范的目的是科学、安全有效的管理厨房，使各种工作与操作制度标准化，提高厨房整体水平，提高员工技术水平，杜绝安全隐患，防止食物中毒，为厨房创造良好的工作环境，提升企业竞争力。厨房制定操作规范，必须需要全体人员监督并且执行。

一、炒菜工作规范

1）使用炉灶前，要进行仔细的检查电源设施及炉灶系统。炉灶电器设备必须正常才能启动。

2）打开风机开关通风 5 分钟后，才能打开气源开关。标准：必须先微风，然后慢慢由小开大。

3）备好调料。标准：味盅必须干净，摆放整齐，调料台干净。

4）检查原料的质量。瓜果、青菜标准：必须干净，无腐烂；鱼、肉类标准：必须鲜。

5）炒菜按分批量炒，保证菜的质量。标准：必须多锅少炒，保证供给。

6）保持清洁。炒菜前后需保持炉灶、台面、调味台清洁。标准：无杂物、无垃圾、无油污，沟渠无堵塞、无污水。

7）原料保管。将未炒完的菜及时集中回收。标准：肉类加上保鲜纸进入冰箱，蔬菜、水果加上保鲜纸。

二、西点工作规范

1）用清水加洗涤剂去掉器具上的油污、面垢。标准：器具里外无杂物、干净。

2）再用清水冲洗，抹干擦干。标准：无洗涤剂泡沫，无杂物。

3）和面配料。加入适当的水和配料进行搅拌，先慢速，再中速到快速。

4）发酵。将发酵后的点心料置入烤箱内烘烤。标准：必须先启动底部控温器，再启动面部控温器，小至中温再到高温烘烤，无焦灼。

5）完成后清洁。加工后及时清洁机器设备卫生，工作场地卫生。标准：设备无杂物，无面垢，无奶油渍，地板无垃圾，杂物，台面无面粉。

三、洗菜工作规范

1）初洗。将去皮的瓜果，去掉菜头的蔬菜，打鳞的鱼类，去毛的肉类，用清水清洗。标准：无腐烂、无异味、泥沙。

2）细洗。将切过后的菜品倒在洗菜池进行浸泡 30 分钟，再清水洗 2～3 次。标准：菜类中无杂物，无异味。

3）清洁。菜筐要逐个清洗干净后才能放置菜。标准：菜筐必须里外干净，无污垢、无油污，无杂物。

四、切菜工作规范

1）初清洁。刀、砧板、台面冲洗干净。标准：刀无锈，无油污；砧板无异味，台面无污垢。

2）再清洁。用清水将刀，砧板、台面冲洗干净。标准：刀无洗涤剂泡沫。

3）加工。

① 切配菜按规定进行分类切配，精工细作。标准：丝、条、片必须大小均条。

② 切配好的菜不能放在地上。标准：整齐摆放在菜架上。

③ 生熟食品分开切配。标准：切配熟食的刀。砧板必须以过高温清毒 10 分钟。

④ 切配中必须一面切菜，一面清除卫生。标准：台面、地板无垃圾、杂物。

4）清洁。切配完成后及时清理卫生。标准：生熟刀、砧板清洗工作后分开悬挂。台面无杂物、积水；地面无垃圾、积水、渠无污水、杂物堵塞。

五、餐前准备工作规范

1）戴好手套、口罩，穿好工衣。标准：整齐、整洁，口罩必须将口鼻盖好。

2）准备打菜勺、碟、盘。标准：用托盘放置，不能直接置于台面。

3）用菜盘将炒好的菜分开摆放。标准：荤菜、素菜均匀放置，方便学生购买。

4）供餐速度要快，准确无误。标准：无私心，一视同仁。

六、洗碗工作规范

1）及时把使用过的碗、碟、盘、勺收集到指定位置。标准：分类放置、不零散。

2）程序及要求。

① 初洗。用清水初洗去掉剩饭、剩菜和汤渍。标准：碗、碟、勺、盘里外没有残渣。

② 细洗。用 35℃ 的温水加洗涤再用抹布逐个清洗干净。标准：没有任何杂物、油渍。

③ 清洗。用清水清洁，浸泡后逐个捞起。标准：没有洗洁精泡沫。

④ 消毒。把洗好的餐具经检查晾干后放入消毒柜清毒。标准：100℃ 以上消毒 30 分钟。

⑤ 供应。开餐前 10 分钟将餐具放在备餐间台适当位置。标准：摆放均匀方便使用，碗、碟、盘、勺不烫手。

⑥ 检查标准。抽样 100 个，合格率必须达 98%。

七、餐厅清洁工作规范

1）准备好拖把、抹布、温水、洗涤剂。标准：拖把必须干净，干、温各一把；抹布必须干净，干、温各一块。

2）清洁台面时，要分两次清洁，先用湿抹布擦拭，再用干抹布擦净。标准：桌面无垃圾、无水珠、无油渍。

3）清洁凳时，用干净的干抹布。标准：无水、无油渍、无杂物。

4）清洁地板时用扫帚将垃圾，杂物扫除后，再用湿拖把拖地，最后用干拖把拖干。标准：无杂物、干净。

5）清洁风扇、灯管、灭蝇器必须用干抹布。标准：无灰尘、无蛛网。

6）餐厅死角清洁。用洗涤剂清洁，垃圾及时送走。标准：无臭味。无蚊子、苍蝇、蟑螂。

7）用后的拖把清洁干净，晾在适当的位置。标准：拖把必须干而洁净。

八、厨房清洁工作规范

1）清洁炉灶抽油烟机时关掉一切电源，用温水加洗洁精，清洁油垢用力刮掉。标准：无积油垢、无黑斑、洁亮。

2）清洁炉灶底部选用扫帚清扫。再用水冲洗。标准：炉灶底部无积垃圾、无味、风机无水；沟渠无杂物堵塞、无污垢。

3）清洁蒸饭柜。

①用清水冲掉里面积存的剩饭，再用洗涤剂清洁。标准：蒸饭柜内外无米饭、无杂物。

②再用清水冲洗干净。标准：蒸饭柜内外无米饭、无泡沫。

4）清洁水箱、雪柜时要切断一切电源开关，待积水溶解后用清水冲洗。再抹布擦干。

5）厨房一切用具要以过洗涤剂清洁，再用清水清洗。标准：干净无油渍、无杂物，摆放整齐。

6）清洁厨房地面。

①用扫帚扫每个角落、地面的杂物。标准：垃圾不能扫在沟渠里面。

②用清水加上少许的洗衣粉进行细洗，然后冲洗。标准：地面无泡沫、油渍。

③用刮水器刮地面的积水。标准：地面无积水。

九、收款工作规范

1）启用电脑（收款机）。标准：按操作程序开机。

2）收入现金仔细检查，核对并登记。标准：记录存档，保留数据。

3）当天收入的现金不能带出食堂或带回宿舍。标准：现场清点交公司财务管理员。

4）食堂保险柜不能存放过多的现金。标准：按财务制度规定存放现金。

十、仓库管理工作规范

1. 收货

1）对采购的物品进行检查验收。标准：无劣质物品。

2) 查验的货品认真过磅。标准：做好登记，清楚地填写在表上。

3) 进入仓库按规定摆放。标准：标志清楚。

2. 发货

1) 厨师领料要做好登记。标准：在领料表格上填写货名、数量、时间及领料人。

2) 每天不得随便领货。标准：按照企业规定时间领取。

3. 保管

1) 仓库货品严格控制，不得置备太久。标准：先进先出，做好记录。

2) 粮食整齐有序摆放，不乱扔乱放。标准：隔墙离地，无潮湿，无腐烂。

3) 非食品与食品要分开摆放。标准：标志清楚。

4) 做好防护工作。标准：防盗、防潮、防火、防四害。

十一、采购工作规范

1) 按食堂提供的菜单做好采购计划。标准：填写采购计划清单。

2) 采购货品时严格验收，认真把关。标准：包装品必须有检验合格证书；大件物品必须向供应商索取《卫生许可证》，健全索证制度。

第六节　西式厨房设备操作规范

一、压面机操作规范

1. 操作程序

1) 检查电源是否关闭。

2) 确认后，检查压面机是否正常，并按需要调节压面间隙。

3) 开启电源，压面机开始运行。

4) 运转正常后，在压面机下料斗上撒少许干粉。

5) 一手在上面将调好的面料慢慢送往压面，一手在下面接压出的面料须放接收盘接收面料。

2. 注意事项

1) 慎防漏电，如有漏电、跳闸现象立即关闭电源，报告主管处理。

2) 操作中要注意送面与接面过程中手与机的距离，慎防压伤。

3. 清洁保养

1) 保持设备清洁。

2) 机器工作完待机静止时，用温水加洗涤剂用抹布清洁。

3) 再用清水清洁，然后用干抹布擦干水渍。

4) 每日对设备、线路作点检。

5) 并在《设备日常保养点检表》做好记录。

6) 定时定期对设备进行检查、清洁、维修。

二、蒸饭柜操作规范

1. 操作程序

1) 检查蒸饭柜抽风机电源开关是否正常，正常后启动抽风机。

2) 检查蒸饭柜水箱里的水量，确认是否够水。

3) 在完全正常下点火起炉。

4) 放好米，加好适当的水按序摆放好饭盘。

5) 关闭好蒸饭柜门。

6) 蒸饭中途要随时检查水量，火力度。

7) 蒸饭时达 90 分钟至 120 分钟后打开柜门检查米饭。

8) 确认米饭已熟，关闭火源，风机电源。

9) 起米饭时待蒸柜内蒸汽温度降低再取米饭。

2. 注意事项

1) 蒸饭时火力度要达到标准，火苗为蓝色，无黑烟。

2) 确保水箱水量，慎防烧坏蒸锅。

3) 开柜起饭时要注意柜内蒸汽，慎防伤手。

3. 清洁保养

1) 先用清水将柜内外的残饭粒清洗掉。

2) 用少许的清涤剂加入清水里用抹布将内外清洁。

3) 再用清水冲干净，抹布擦干，关闭柜门。

4) 每日对蒸饭柜系统检查，记录于《设备日常保养表》。

三、抽油烟机操作规范

1. 操作程序

1) 检查电源线路，开关是否正常。

2) 确认正常后再启用。

3) 炉灶使用完成后 3 分钟即关闭抽油烟机。

2. 注意事项

1) 出现漏电、机器有异常状况时，立即关闭电源，停止使用，报告主管处理。

2) 离开前须对抽油烟机电源开关详细检查，确认关闭后才能离开。

3. 清洁保养

1）每日将抽油烟机罩、抽气扇、滤油器均用清水加洗涤剂清洁，除去油污。
2）每周对管道清洁一次。
3）每日检查抽油烟机的状态，并将检查情况，记录于《设备日常保养表》。

四、瓜果机操作规范

1. 操作程序

1）检查电源开关是否关闭，线路有无漏电。
2）清洁瓜果机。
3）准确无误地安装好不同形状的刀片，拧紧螺丝。
4）接通电源开机操作。
5）完成后关闭电源。
6）清洁机器。

2. 注意事项

1）如有漏电和机器出现异常情况，要立即切断电源。停止操作，报告主管处理。
2）往瓜果机人送瓜果时，要注意手与瓜果机刀片的距离，慎防割伤。

3. 清洁保养

1）用清水除去瓜果机内、器具的瓜果残渣。
2）用清水加洗涤剂清洁，再用清水冲净。
3）每日对瓜果机详细检查，并将检查状况记录于《设备日常保养》上。

五、离心式搅拌机操作规范

1. 操作程序

1）检查电源线路是否正常，开关是否关闭。
2）将干净的打蛋器装在搅拌螺杆上。
3）将搅拌的物品掺入斗内适当的配料。
4）接通电源进行操作。
5）操作时先慢速，再中速，最后快速。
6）完成后关闭电源，待机完全停止后再取出搅拌物品。

2. 注意事项

1）如有漏电或搅拌机运转不正常时，要立即关闭电源报告主管。
2）操作中严禁用手去触摸搅拌螺旋杆或斗内物品，慎防搅伤手。

3）安装打蛋器时，要牢固地连在螺旋杆上，确认无误后再使用。慎防打蛋器运转中脱落飞出伤人。

3. 清洁保养

1）清洁搅拌机时，用清水加入少许洗洁精液清洁、无面粉、蛋渍奶油渍等。再用清水冲净。

2）每日对搅拌器检查并将检查状况记录于《设备日常保养表》。

六、切肉机操作规范

1. 操作程序

1）检查电源开关是否关闭。
2）清洗切肉机。
3）准确无误地安装好刀片，拧紧螺杆。
4）接通电源开机。
5）将所需切好的肉少量逐渐地送入切肉机。
6）完成后，关闭电源。

2. 注意事项

1）操作中有漏电和卡机时，立即关闭电源，处理好再用。
2）卡机时严禁开通电源将卡住的肉用手去拔。
3）用水冲洗时要注意水不要淋湿电机，以免电机烧坏。

3. 清洁保养

1）清洁切肉机时要用温水加少许洗涤剂进行清洁，再用清水冲净。
2）每日检查并将检查状况记录于《设备日常保养表》。

七、发酵箱操作规范

1. 操作程序

1）检查电源线路是否正常、开关是否关闭。
2）确认无误后，加入适当的清水。
3）打开箱门，将需发酵品整齐地摆放在箱内。
4）将发酵箱门关闭，启动开关进行操作。
5）完成后，关闭电源取出发酵物。

2. 注意事项

1）发酵箱加水时必须适量。
2）控制好发酵时间。

3. 清洁保养

1）用温水加入少量洗洁剂沾湿抹布后初洗，再用清水冲净。
2）用干抹布擦干内外无杂物、无泡沫。
3）每日详细检查并将检查状态记录于《设备日常保养表》。

八、烤箱操作规范

1. 操作程序

1）检查电源是否关闭。
2）确认后，打开烤箱门将所需加工的烤品送入箱内整齐摆放。
3）再次检查无误后关门。
4）启动电源开关。
5）开机运作中先开底部控温器约 3～5 分钟，再开面部控温器，必须由小至大逐渐控温。
6）完成后，切断电源确认无误再打开烤箱门冷却 5～10 分钟后取出烤品。

2. 注意事项

1）如发现异常情况，立即关闭电源，报告主管处理。
2）严禁带电开箱门进出烤品。
3）完成后必须打开箱门待温度降低才能取出烤品，慎防烫伤。
4）烤箱外壳顶部严禁摆放杂物。

3. 清洁保养

1）清洁烤箱内用湿抹布清洁，再用干抹布擦干，不得用水冲洗。
2）清洁烤箱内外无油渍、无面粉、无杂物，保持干净。
3）每日对烤箱检查，并将检查结果记录于《设备日常保养表》。

九、和面机操作规范

1. 操作程序

1）检查电源线路和开关是否正常。
2）检查斗内的螺旋杆有无松落。
3）确认正常后，在斗内加上适当的面粉、配料、水。
4）启动开关进行操作。
5）完成后，切断电源，待机完全静止时再捞起面料。

2. 注意事项

1）操作中斗内面料不能太多，以免负荷大造成打断搅杆，烧坏电机。

2) 出现异常情况，立即切断电源并报告主管处理。

3) 机器运转时严禁用手伸入斗内拿面料和清洁。

3. 清洁保养

1) 将和面机内外面渣清洁干净。

2) 加入清水和少量的洗洁剂用抹布或钢丝球清洁。

3) 斗内无面渍，积水杂物，机周围干净。

4) 每日对机详细检查，并将检查状况记录于《设备点检表》。

十、冰柜操作规范

1. 操作程序

1) 检查电源开关是否正常。

2) 确认正常启动开关使用。

3) 将所需冷冻物品整齐地放在柜内架上。

4) 关好柜门，冰柜运行自动控温。

2. 注意事项

1) 冰柜清洁时不能用刀或铁撬等去除积水。

2) 不能用热水进行冲洗。

3) 如有异常情况，立即关闭电源搬出柜内物品，报告主管，待维修。

3. 清洁保养

1) 清洁冰柜时，关闭电源待积水溶化后，用少量的水冲洗。

2) 用干净抹布擦干柜内，冰柜内外无杂物、油渍，要干净清爽。

3) 柜内物品不能存放 3 天以上。

4) 每日检查，将检查状况记录于《设备日常保养表》。

十一、炉灶操作规范

1. 操作程序

1) 使用前要仔细检查电源设施及炉灶系统，确认正常情况。

2) 先开总气阀开关，再开鼓风机，后再微开炉灶气，油源开关同时点火。

3) 慢慢开启炉灶鼓风机开关并调至合适风量。

2. 注意事项

1) 点火前检查炉膛内有无煤气，有煤气时不能点火。

2) 检查气是否有无漏气，开关是否正常，如有异常立即报告主管，以及时修理或更换。

3) 炉灶使用中现场必须有人看管，严禁无人看管使用。

4）使用炉灶时必须先关气阀，关闭鼓风机电源开关，最后切断总气源开关。

5）如果发生异常情况，立即做好灭火防备工作，并报告主管。

3. 清洁保养

1）炉灶系统要随时清洁，保持干净。

2）炉灶底部无垃圾，无油渍。

3）油烟过滤网，烟罩接油槽每餐后必须抹掉网上的油星。

4）每日检查，并将状况记录于《设备日常保养表》。

十二、洗碗操作规范

1. 操作程序

1）将餐具碗、碟、勺子内外的残余饭菜用清水除去。

2）将餐具按要求放置有温水的盘中，根据数量加入洗涤剂清洗。

3）将清洗后餐具最起码要经过两次以上清水中浸泡冲洗，逐个捞起沥干水。

2. 注意事项

1）清洗餐具时，餐具的内外应洗净，加以对外缝隙的检查。

2）使用浓缩清洁剂时，应先将浓缩清洁剂用清水稀释至合适的比例。

3）消毒餐具时应按《消毒操作规范》要求进行。

3. 清洁保养

1）清洗完成后及时洗碗池内外，工作场地，无杂物，无泡沫。

2）每天进行质量检查并记录。

十三、消毒柜操作规范

1. 操作程序

1）检查电源开关是否关闭。

2）确认关闭后，将清洗干净，沥干水后的餐具摆放架上。

3）关闭消毒柜门，接通电源开关进行消毒。

4）消毒完成后，消毒柜将自动关闭电源，保温 20 分钟再取出餐具。

5）做好每项餐具的消毒时间、品种、数量等的记录，以备查验。

2. 注意事项

1）慎防漏电，如有漏电跳闸现象，立即切断电源开关，停止使用，并报告主管处理。

2）注意柜内餐具的温度，取餐具时小心拿放，慎防烫伤。

3. 清洁保养

1）柜内外采用温抹布进行抹擦干净，无杂物、无锈斑。不得用水冲洗。
2）每日对设备检查并将检查状况记录于《设备日常保养表》。

十四、食物留样专用冰箱操作规范

1. 操作程序

1）检查电源开关是否正常。
2）确认正常启动开关使用。
3）将已干净消毒的留样杯盛装 100 克以上食物，盖上杯盖，标上日期时间、餐次等，整齐地放在柜内架子上。
4）将温度调至 5℃并放置温度计，关好柜门，冰柜运行至所需控温。
5）设置专用人员负责此项工作。

2. 注意事项

1）冰箱清洁时，不能用刀或铁撬等去除积水。
2）不能用热水进行冲洗。
3）如有异常情况，立即关闭电源搬出柜内物品，报告主管待处理。

3. 清洁保养

1）清洗冰箱时，关闭电源待积水溶化后，用少量清水冲洗。
2）用干净抹布擦干柜内。
3）冰箱内外无杂物、无油渍，要干净清爽。
4）柜内物品按要求存放 48 小时。
5）每日检查，将检查状况记录于《设备保养表》。

第七节　厨房原料使用管理

厨房管理是餐饮业的核心，是生产的重地，西式厨房管理的好与坏直接决定酒店的兴衰，生死存亡。酒店要树立企业形象、创造名牌企业，需要长年的积淀和巨大的投入，必须有细致的管理章程，过硬的管理队伍，管理实现统一标准、统一规格、统一程序，目的是提高工作效率，降低成本，确保菜肴标准、确保食品的质量，提高服务速度达到顾客满意。

一、原料领用管理

餐饮业的货物领用的最佳办法就是采取"按需进货""少进勤进"和"日领用"等原则，每日用多少领多少。一次性领得过多，放在厨房里很容易产生变质、变味，厨房的气温高，味道也复杂，货物过长时间堆在厨房中会产生串味，影响原料的本味，在制作过程中就会使菜肴出品达不到要求。并且会出现人为的失踪，因为货多就不好管理，丢失一两件根本很难见得到。这种流失也是增大成本的因素，还为员工提供了犯错误的机会，给货物的管理和员工纪律的管理带来很大困难。因此，要制定科学的原料领用管理制度，如制定《原料使用率统计》等制度可以解决以上实际问题。

二、冰箱存货管理

冰箱内的存货量过大，不仅造成冰箱的运作效率降低，同时也造成制冷效果也不佳，从而影响到菜品本身的质量。原料存量大，会给烹调操作过程带来很大的不便，也不利于货物先进先出。工作中员工为达到方便，不会将先进的货放在冰箱的最前端，因为每一次新货的进入都要将老货搬出，把新货放到最里边，这样不仅工作量大，在操作过程中也很麻烦，有些员工为减少这种麻烦，偷工减料地把后进原料放在最前面，下一班人员在不知情的情况下，就将后进货先上出去，而先进货则堆到了冰箱的角落，时间一长，原料变质，从而直接影响菜肴成品的质量。因此，要"按需进货"、"少进勤进"，并制定管理制度。

三、使用效率管理

原料的领用要和菜品的使用保持同步，在申购单或是领用原料单上要严加审核，避免出现原料浪费的现象。制定《原料使用率检查》制度能解决以上实际问题。

四、加工现场管理

加工现场也是餐饮管理的最要环节，它直接影响到菜品的出品速度和成品率的高低，中层管理者要随时到加工现场进行跟进和指导，发现不对的地方立即进行指出，进行教帮。菜品到餐桌后才发现不合格，引起客人投诉，造成菜品重新制作引起浪费和浪费人力，这些都是导致成本上升减少利润的因素。

总之，要提高出品质量就必须加强对厨房的现场管理，随时到各个环节进行检查，严格把好每道工序，制定《原料使用率统计》等科学制度解决以上实际问题，为增加厨房利润做好最基本的现场原料使用和烹调操作管理工作。

第八节　厨房卫生工作管理

一、厨房卫生区流程管理

1. 初加工卫生区

上岗工作流程：点名—检查仪容仪表—佩戴工作牌—布置当日洗菜任务。

卫生工作流程：清理菜架—剩余蔬菜摆放整齐—清洗宰杀台—清洗所有用具及菜框并摆放在规定位置—清洗洗菜池、清洗地面、水沟、墙壁—倒除垃圾—清洗垃圾桶并盖好放在规定的位置—清洗抹布、拖把并晾开。

2. 配菜卫生区

上岗工作流程：点名—检查仪容仪表—佩戴工作牌—作前日的工作总结—布置切配任务。

卫生工作流程：清理台面—清洗砧板、刀及其他用具并按规定摆放整齐—清理菜架—清洗地面、水沟、墙壁—清洗水池、倒除垃圾—清洗垃圾桶并盖好放在规定的位置—清洗抹布拖把并放在规定位置。每日下班前：清洗整理冷藏柜—登记冷藏柜内剩余物资—检查冷藏柜是否正常。

3. 烹调卫生区

上岗工作流程：点名—检查仪容仪表—佩戴工作牌—作前日的工作总结—布置当日烹调任务。

卫生工作流程：整理货架—余料处理—清理台面—清理调料缸、调料柜—擦拭油烟排风罩—清洁灶台—清洗锅、勺及用具—清洗地面、墙壁、及下水沟—清洗水池、倒除垃圾—清洗垃圾桶并盖好放在规定的位置—清洗抹布并晾开。

4. 面点卫生区

上岗工作流程：点名—检查仪容仪表—佩戴工作牌—作前日的工作总结—布置当日早餐任务。

卫生工作流程：余料处理—清理台面、擦洗售卖台—清洗案板及其他用具并按规定摆放整齐—清洁和面机、电热档、绞肉机、排风罩等其他设备（使用及清洗时注意安全）—擦拭门窗、清洗地面、水沟、墙壁—擦拭灭蝇灯及售卖照明灯具—擦拭售卖玻璃窗，擦拭窗口机—清洗水池、倒除垃圾—清洗垃圾桶并盖好放在规定的位置—清洗抹布、拖把并放在规定位置。每日下班前：清洗整理冷藏柜—登记冷藏柜内剩余物资—检查冷藏柜是否正常运行。整理内务：打扫休息室—扫除蜘蛛网。

5. 店堂卫生区

上岗工作流程：点名—检查仪容仪表—佩戴工作牌—作前日的工作总结—布置当日任务。

卫生工作流程：擦拭门窗、墙壁—扫除蜘蛛网—清洗下水沟—擦拭灭蝇灯、及售卖照明灯具—擦拭售卖玻璃窗—擦拭窗口机。整理内务：清洗工作服，每日必洗，洗清、晒干、收好。落实到人。建议买一台洗衣机专洗工作服用—打扫休息室。每餐结束：收拾菜盆、菜盘，送至洗碗区洗涤—擦洗售卖台面—清洗地面并拖干水渍—清洗拖把、抹布并晾好放在规定的地方。

二、餐具消毒流程管理

1. 物理化学消毒方法

1）物理消毒。包括蒸汽、煮沸、红外线等热力消毒方法。煮沸、蒸汽消毒保持

100℃10 分钟以上。可用于饮具、盆、毛巾、用棉织品的消毒。红外线消毒一般控制温度为 120℃保持 10 分钟以上。可用饮具、盆、毛巾、床上用棉织品的消毒。

2）化学消毒。可使用含氯消毒药物，有效氯浓度为 250 毫克/升以上，公共用品用具全部浸泡入液体中，作用 5 分钟以上。可用于鞋、盆、饮具的消毒，或用于物品表面喷洒、涂擦消毒。化学消毒后的公共用品用具应用净水冲去表面的消毒剂残留。使用浓度 75％的乙醇可用于盆、鞋等物体表面的涂擦消毒。

2. 清洗保洁方法

去掉公共用品用具表面上的大部分残渣污垢，用含洗涤剂溶液洗净公共用品用具表面，最后用清水冲去残留的洗涤剂。消毒后的公共用品用具要自然滤干或烘干，不应使用手巾擦干，以避免受到再次污染。消毒后的饮具应及时放入餐具保洁柜内。

3. 化学消毒注意事项

使用的消毒剂应在保质期限内，并按规定的温度等条件贮存。严格按规定浓度进行配制，固体消毒剂应充分溶解。配好的消毒液定时更换，一般每 4 小时更换一次。使用时定时测量消毒液浓度，浓度低于要求立即更换。保证消毒时间，一般公共用品用具消毒应作用 5 分钟以上。应使消毒物品完全浸没于消毒液中。餐具消毒前应洗净，避免油垢影响消毒效果。消毒后以洁净水将消毒液冲洗干净。

第九节　实习考核管理

一、考核的原则

考核工作是一项常规工作，每季度进行一次，行政总厨应协同学校部门做好对学生的考核，使之程序化、制度化。对被考核学生的工作表现要有充分的了解，在考核前应认真做好准备，搜集其上次考评以来的工作表现记录，确保考核结果的准确性，使被考学生口服心服。考核工作要认真细致，实事求是，确保考评工作的公平性和客观性。考核中，考核人员与被考核人员应当面交换意见，应选择一个不受外界干扰的安静环境，使考核双方能坦诚交谈，以便提高考核效果。在客观公正的考评基础上，根据每一学生的业绩与表现，将其考核的结果与对学生的合理使用和报酬待遇结合起来，以调动其积极性，提高工作效率。

二、考核的内容

1）素质考核：包括学生是否有上述心，是否忠于本职工作及其可信赖程度；还包括组织性、纪律性、职业道德、个人卫生与仪容仪表等环节。

2）能力考核：根据学生的不同工种、岗位、对其管理能力、业务能力作为分类考核。

3）态度考核：主要指学生的事业心和工作态度，包括纪律、出勤情况、工作的主动性与积极性等。

4）绩效考核：主要考核员工对酒楼所做出的贡献与完成工作任务的数量及质量诸方面的情况。

5）业务操作考核：由总厨或厨师长进行实际操作考核，它包括综合业务操作考核和岗位业务操作考核。

三、考核的方法

1）个人总结法：由被考人对本人的综合表现以书面总结的形式作自我鉴定。

2）班组评议法：由所在班组同事有组织有准备、背对背地讨论评议进行考核的办法。

四、学生奖惩的条例

对有如下表现的学生，应给予奖励：①完成销售计划或工作任务，成绩突出的；②对于酒店提出合理化建议被采纳，并取得效果的；③维护财经纪律，抵制歪风邪气，事迹突出的；④技术熟练，受到顾客表扬或在有关重在比赛中获得奖励的；⑤当场抓获或揭发摸、拿、偷、盗商品的，销售或其他有价值的凭单情况属实的给予处惩。

对如下学生给予处罚：①迟到或者早退者；②工作违纪者；③有偷盗商品行为的学生。

五、实习学生的纪律

实习学生上下班必须打卡签到签退，并应准备充分时间要换制服，以便准时到达工作岗位。严禁替代他人打卡，严格考勤。服从上级领导，认真按规定要求完成各项任务。厨房学生在实习时间应坚守工作岗位，不得擅自离岗，不得坐在案板及工作台上。

厨房内严禁吃、拿食物或物品，不得擅自将厨房食品交与他人，不得借口食物变质而丢掉。严禁人为浪费。食物变质后应登记。厨房为生产重地，没有经厨师长同意，严禁非工作人员进入，具体由各区域组长负责执行。

第四章　西餐基本功训练

学习目标：通过本课程学习，使学生了解西餐冷热菜制作基本功的相关知识，掌握各种基本功技术，具备制作合格产品的工作能力。通过科学系统教学内容及运用形式多样的教学方法，培养高素质、高端技能一线的烹饪操作人才为目标。

在西餐教学中，强化西餐基本功实训教学的训练，注重以任务引领教学实训诱发学生学习兴趣，并且以学生为本，注重"教"与"学"的互动。让学生在活动中增强实际操作能力，掌握本课程的职业能力。积极引导学生提升职业素养，为学生就业定岗和提高学生的创新能力打下基础。

第一节　烹调基本功概述

一、烹调基本功的变化

烹饪基本功训练应该随着科技发展逐步进行改革、变化。随着科技飞速发展，大量的自动化食品加工机械设备被应用到烹饪这个世代传承的古老行业中，逐步解放了厨师的劳动强度，并推动着这个行业向前发展。同时，也向传统的烹饪技术进行不断的挑战。厨房食材加工等项目由繁至简悄悄变化着。例如，从前饭店进整扇猪羊，厨师需要进行"分档取料"后才能切配烹调，现在"分档取料"及"活物宰杀去毛"等初加工已经工业化了，使厨房逐步进入现代化，所以科学的讲烹饪教学要与企业岗位相结合。烹饪基本功训练的内容，也应该随着厨房的技术创新和加工设备的革新变化而变化。

二、烹调基本功定义

烹调基本功就是制作菜点中各生产岗位关键的操作环节，并且经常使用的单项基本技术和技巧。烹调技术训练分为动手技术训练和动脑技术训练。动手技术训练强调多练并且通过"熟能生巧"达到目的，训练的基础是基本功。动脑技术训练强调多思并且通过"大脑思考"才能达到目的，训练的基础是理论。烹饪基本功训练辩证关系：在烹饪实践中，动手技术和动脑技术经常会同时出现，动脑技术会推动动手技术提高工作效率并且能够解决生产中的难题，同时在反复烹饪实践中动手技术又能升华动脑技术理论。在教学过程，从岗位能力培养入手，以各岗位工作过程为依托，通过科学系统教学内容及运用形式多样的教学方法，培养高素质、高端技能一线烹饪操作人才为目标。结合西菜特点和行业发展的现状，有针对性地进行校内外烹饪训练教学。

三、烹调基本功训练意义

基本功训练的意义目的在于为使学生能够独立、熟练地制作菜肴，打下牢固基础。

从初学到形成熟练技巧必须不断地经过基本功的训练过程，各项技能、技巧必须达到炉火纯青的程度，即进行各项技术操作都具有又快又好的硬功夫。这样才能适应餐饮业饭口客人集中、要求饭菜质量好、速度快的特点。然而这种硬功夫不是一学就会的，并且只能经过长期地实践锻炼和坚持不懈地刻苦努力学习，才能够将烹调基本功学到手。

四、烹调基本功训练作用

烹调基本功训练好坏直接影响学生顶岗独立制作菜肴的质量水平和工作能力。烹调基本功训练是烹饪工艺与营养专业的一项学习内容，它对烹饪实践教学起到非常重要的支撑作用。烹调基本功训练，能够为全面熟练掌握烹调基本功综合技能和创新技能打下扎实的基础。

第二节　持刀磨刀基本功

一、持刀

1）采用正确的持刀方法，才能使手臂手腕和刀刃之间协调配合使臂力和腕力以最大功效发挥。五指握住刀柄手心后部顶住刀柄尾端，握刀的力量应适度不能太紧，也不可过松。这种握刀方法可适合多数刀工操作的需要。其优点表现为握刀手腕运动较为灵活，便于用力和省力，推切时效果最明显，正常发挥腕力。手心后部顶住刀柄尾端、握刀力量适应，才能在推刀切时使手臂向前的力直接传递在刀上，不至于靠手指和手掌紧握刀柄产生的摩擦力来推刀前进。否则，需要增大握刀力量来产生足够大的摩擦力，使刀随手推进，不致脱手。

2）持刀最好是使刀身和小臂保持在一条直线上，并与身体正面成45°左右。人们的自然构造决定了平放的小臂与身体正面成45°左右时，手臂顺小臂轴线方向做往返运动最方便自如。可见，在刀工操作中，不注意上述持刀要领，就会使一部分体力无益地消耗掉，工效降低，容易疲劳。

3）正确持刀身体姿势：腰不弯、腹不挺、膝不曲、头不歪。这是从减缓疲劳和有利健康方面来考虑的。身体自然放松不仅可以减缓疲劳，而且能够提高刀工动作的灵活性和连续性。丁字步即左脚略向左前，右脚在右方稍后的位置，人们握刀习惯上用右手，切原料时刀总是向左前方运动。刀向左前方推切时，人的身体会向刀的运动方向倾斜，刀向右后方拉出时，人的身体重心又移向右脚，需用右脚来用力和保持平衡，左脚只是用脚前部着力起辅助作用。用丁字步站立时，在上述过程中右脚始终以整个脚底着力，即脚掌和脚跟着力，所以用力和保持平衡都比较有利。

二、磨刀

1. 磨刀的准备

磨刀时先将磨刀石固定于四角木架、桌子、水池沿边上，高度约为人身高的一半，以操作方便、自如为准。磨刀石下最好垫一块抹布，以防磨刀石与台面打滑。磨刀时两脚分开，收腹，胸部略向前倾，以站稳为度。刀身端平，两手持稳，刀口锋面朝外，刀背向里。右手握刀柄，左手握刀柄的另一端，前推后拉用力要均匀并左右移动、正反面交替磨，使刀刃锋利均匀。

2. 磨刀正确的方法

磨刀正确的方法是前推后拉法，也称平磨法，是行业中最常见也是最科学的一种磨刀法。先在刀面和磨刀石上淋上清水，将刀刃紧贴石面，刀背略翘起，与磨石的夹角约35°，向前平推至磨石尽头，再向后提拉。平推平磨，用力均匀，切不可忽高忽低。当磨刀石面起砂浆时，须淋点水再磨。磨刀时刀膛也会磨到，但重点在刀口锋面。刀口锋面的前、中、后端部位都要均匀地磨到。磨完刀具的一面后，再换手持刀磨另一面，两面磨的次数应基本相等，这样才能保证刀的平直锋利。迅速法，应急时的一种磨刀法，右手持刀翻腕将刀的两面在磨石上迅速推拉打磨。这种方法较为迅速，刀能较快地被磨锋利，但不如第一种方法使刀刃的锋利更持久。

3. 磨刀不正确的方法

从刀的形状看，由于磨刀使刀变形的有："罗汉肚"是刀身中央呈大肚状突出，是因为前后两端磨得过多，中间相对磨少了所致。"月牙口"是刀身中部向里凹进，是由于对刀的中部磨得过多或用力过大所至。"偏锋"是刀刃不是位于刀两面的正中，是由于对刀的两面磨得不匀所致。"毛口"是刀刃呈锯齿状或翻转，是因为刀刃磨研过度，磨石较粗糙所致。

三、检验

1. 从磨刀效果上检验

一把磨好的刀，两面应对称，刀刃应呈一条直线与两端垂直为标准。检验刀刃朝上，两眼直视刀刃，如见一道看不出反光的细线，就表明刀已磨锋利了；如有白痕或一条反的白色细线，则是刀刃的不锋利之处。刀刃在砧板上轻推，如打滑，则表明刀刃还不锋利；如推不动或有涩感，则表明刀刃锋利。把刀刃放大拇指上轻轻拉一拉，如有涩感，则表明刀刃锋利；如果感觉光滑，表明刀刃还不够锋利。检验内容：是否刀面平整、是否有卷口和毛边、是否两侧对称、是否重量均等。

2. 从磨刀石的形状上检验

正确的磨刀方法应该使磨刀石也经久耐用，也就是每次磨完刀，磨刀石应是平整的，这样方便以后的磨刀。用前推后拉法磨刀，应注意每次推到底及拉到底，否则磨石会很快中部下凹，影响后面的磨刀。用竖磨法或烫刀法则应注意经常移位，不要总是在磨石的一个部位磨。

3. 从磨刀手腕力量上检验

手腕、手指没有力量，运刀感觉把握就会不好，其实这不仅是力量不足的原因，而是缺乏身体锻炼。就像练投篮一样，最开始的时候不知道怎么发力，投得多了就熟练了。所以多练基本功就好了，下课以后练或者晚上练手腕、手指的力量，进步就很快。

第三节　出肉加工

按原料性质的不同，出肉加工可分生出和熟出两种。未经烹调加工的原料进行出肉处理叫生出。将已熟的原料进行出肉处理叫熟出。按出肉的方法和要求不同，出肉加工可分为分档出肉、一般出肉和整料出肉 3 种。一般要符合如下基本要求。

第一，应符合烹调和菜肴的质量要求。出肉加工是为了满足菜肴烹调和美化的需要。由于家畜、家禽和鱼类各部位的性能、质量不同，而不同的烹调方法及菜肴特点需要选用其相应部位和相应质量的原料，只有这样才能保证菜肴的质量。

第二，要熟悉原料的组织结构和质地，下刀要谨慎、准确。必须熟悉原料肌肉和骨骼的结构及各部分的位置，做到下刀谨慎、准确。例如，家畜肉中各部分肌肉组织的质地不同，它们之间往往有隔膜隔开，分档时沿隔膜处下刀，保证原料的质量。

第三，要有先后次序，出肉必须干净利落。动物性原料的肌肉和骨骼都有其固定位置，出肉加工也有先后次序。做到骨不带肉，肉不带骨，使骨、肉能很好地分离，确保骨、肉分离的刀面光滑，提高出肉率，尽量避免浪费。

第四，保证原料的合理使用，做到物尽其用，动物性原料体大肉多，各部位的质量不同，有的全是瘦肉，有的脂肪很多，有的肥瘦间隔，有的肉质细嫩，有的肉质老而纤维长。可根据不同部位的特点，结合菜肴的质量标准，合理使用原料，做到物尽其用。

下面介绍几种主要原料的分档出肉。

一、水产品

以草鱼为例介绍鱼的分档及各部位的性能用途。

1）鱼头。用刀沿着胸鳍的后端，垂直将鱼头劈下。鱼头骨多肉少，肉质滑嫩，吃口肥润，滋味鲜美，富含胶质蛋白，一般适用于炖汤、蒸等。

2）鱼尾。又称划水，用刀沿臀鳍的前端 3～4 厘米处垂直斩下。鱼尾皮厚肉少，含有较多细刺，但肉质肥美，适宜于炸、炖等。

3）中段。用刀将鱼头、鱼尾斩去即为中段，中段可分为脊背和肚档两个部分。靠背部的部分为脊背，靠腹部的部分称为肚档。脊背肉质肥厚，肉多骨少，是一条鱼中用途最广的部分，可加工成丝、片、条、丁、茸等多种形状。

二、家禽

这里以鸡为例来介绍。

1. 鸡各部位的名称及用途

1）鸡头。骨多肉少，适宜卤或制汤。

2）鸡颈。皮韧而脆，肉纤维较长，肉质细嫩，适宜卤、煮、制汤等。

3）脊背。主要是皮和骨，肌肉少，肉老嫩适宜无筋，适用于爆炒、炸等。脊背多用于制汤。

4）胸脯。鸡胸脯肉内侧紧贴胸骨。此肉筋少肉厚细嫩，可加工成片、丁、丝、条等形状，胸脯肉取下后，在胸骨两侧各有一块肉为鸡里脊，又称"鸡柳"、"鸡牙子"，是鸡身上最细嫩的一块肉，可加工成丝、丁、条、片、茸等，适用于炸、炒、烩等烹调方法。

5）鸡翅膀。皮骨较多，肉质较嫩，可带骨用于炸、煮、炖、焖等。

6）鸡腿。腿肉筋多肉厚、质地较老，一般用于煎、炒、炖等。

7）鸡爪。皮嫩而脆，筋多，骨粗，胶质丰富，可用于制汤、制冻。

2. 鸡的分档出肉

1）拆鸡爪。左手握住鸡爪，用刀在鸡腿与鸡爪的关节处割开，卸下鸡爪，也可用刀对着鸡的关节，斩下鸡爪。

2）拆鸡腿。用刀先把鸡腿与胸脯相连的皮割破，左手抓住鸡腿，并用力向外扳开使腿关节扳断后露出，按稳鸡身，再将鸡大腿近身躯骨的筋膜及肌肉割断，卸下鸡腿。

3）拆鸡翅膀、鸡胸脯。左手捏住鸡翅膀，右手持刀，沿着翅骨与鸡体骨骼的连接处下刀，割断筋膜，使翅骨分离，用刀刃压在鸡身的翅骨关节处，左手将翅膀用力向后拉，使翅膀与胸脯肉一同拉下，卸下鸡翅膀和鸡胸脯肉。

4）拆鸡里脊肉（鸡牙子、鸡小胸）。刀刃紧贴胸骨，用刀尖将里脊肉与胸骨划开，左手抓住里脊肉往后拉，拆下里脊肉，用同样方法拆下另一条里脊肉。

5）拆背脊肉、鸡头、鸡颈。用刀根在鸡背脊的凹陷处刮一下，取下两块背脊肉（栗子肉）。在头颈的宰杀刀口处斩下鸡头。在鸡颈与身体相连处下刀割下鸡颈。

三、家畜

这里以猪为例来介绍。

猪各部位名称及用途如下。

1）头。从宰杀刀口至颈椎顶部处割下，肉质脆嫩，胶质含量丰富，适宜酱、扒、烧、卤等。猪脑可以炖、蒸或拍粉后炸。猪舌可用于炒、煮、卤等。

2）上脑。俗称"肩颈肉"。位于脊背靠近颈处，在扇面骨上面，肉质较嫩，瘦中夹肥，可加工成丁、片、条、末等形状，适宜熘炒、炸、焖等。

3）颈肉。俗称"血脖"、位于夹心肉与猪头相连处。此处是宰杀猪的刀口，有较多的污血，因而色泽发红，肉老质差，肥瘦混同，适宜制馅等。

4）夹心肉。位于上脑、颈肉和前蹄膀的中间，肉质较老，筋膜多，肥瘦相间，吸水性较强，适宜制馅，做丸子等。在夹心肉与扇面骨相连处有一月牙形脆骨，称小排骨。在斩去前蹄膀的落刀处，用刀在肋骨下面向上批过去，剔下胸前排骨，就是小排骨，此排骨骨上带肉，老嫩适宜。

5）前蹄膀。也称"前肘子"，位于前脚爪膝盖与夹心肉之间，在骱骨处斩下。皮厚筋多、胶质丰富、瘦肉多，肥而不腻，适宜烧、炖等烹调方法。

6）前脚爪。上与前蹄髈相连，可在爪部的骱骨处割下取得。只有皮、筋、骨，而没有瘦肉，胶质蛋白丰富，烹制前需剥去蹄壳，刮净余毛和污物，多用于煮汤、制冻等。

7）脊背。包括大排骨、里脊、通脊、又称硬肋、扁担肉、肥膘和背皮。大排骨骨大、肉少，一般用于红烧、卤、制汤等。里脊位于通脊内侧，从腰子到分水骨之间，是猪身上最嫩的肉，左右共有两块，呈长扁圆形，肉质细嫩，适宜炸、炒等烹调方法。

8）五花条肉。位于猪身中间部位，上接大排肉，下连奶脯肉。一般带排骨的称为方肉，不带骨的称为"五花肉"，五花肉又分为硬肋、软肋，亦叫硬五花、软五花。硬肋就是与排骨相连的部分，软肋是没有排骨的部分。五花肉的特点肥瘦分明，一层瘦，一层肥，呈五花三层。硬五花肉一般多用于煮蒸等。

9）奶脯。俗称"拖泥肉"，位于猪的腹部，连接软五花的下方，为猪肉中的次品，质软而肥韧，食味较差，呈泡泡状，一般用于炼油，皮可制冻。

10）臀尖。位于猪臀部的凸处，尾根的上方部位，在坐臀肉上面的瘦肉。肉质细嫩，可代替里脊肉，适宜炸、炒等烹调方法。

11）外裆。又称弹子肉、元宝肉。位于髋骨下面，后腿前部的瘦肉，是一块被薄膜包着的圆形瘦肉，肉质较嫩，可代替里脊肉，多用于炸、炒等。

12）坐臀。又称坐板、二刀肉，位于后腿的中部，处于弹子肉、臀尖的中间，一端厚、一端薄，肉质较老，丝纹较长，一般用于炒、煮等烹调方法。

13）后蹄髈。俗称"后肘子"。位于后腿膝盖上面和坐臀、外裆的下方，从骱骨处割下斩去后脚爪而取得。后蹄髈皮厚筋多、瘦肉也多，肉质坚实含胶质丰富，适宜烧、炖等烹调方法。

14）后脚爪。上与后蹄髈相连，可从膝股骨处割下取得。后脚爪中抽得蹄筋，干制后涨发性较强，比前爪好。后脚爪与前爪一样只有皮、筋、骨，且比前脚爪更差。烹制前也需刮净余毛和污物剥去蹄壳，多用于红烧、煮、制冻等。

15）尾。从尾根处割下。骨节多，肉少，胶质丰富，适宜烧、煮、冻。

四、虾

出虾肉也称出虾仁、挤虾仁。有挤、剥两种方法。

1）挤。虾仁一般适用于小虾或特殊要求的菜肴，其方法为：先用手摘去虾头，两手各捏住虾头和虾尾，用力将虾肉从脊背或腹部挤出即可。

2）剥。一般适用于中虾或大虾，其方法为：将虾头摘除，慢慢地剥去虾壳，取出虾仁，抽掉屎线。还可以将虾煮熟后再剥出虾肉。为了使虾仁色白肉嫩，可以放入食用苏打粉（1 千克虾仁可放食用苏打粉 2.5 克），也可放食盐（1 千克虾仁可放食盐 20 克）用力搅拌起粘，随后再放入盆中，用清水漂洗至色白水清即可。河虾在 4~6 月间有虾籽和虾脑（虾膏），在出肉加工时应加以利用。虾脑（虾膏）可直接取出。虾籽可将虾放入清水中漂出（用手挤捏），洗出杂物，将虾籽上笼蒸透成块（也有将虾籽直接上烘箱烘干的），然后弄散备用，还可用慢火炒熟后再用。

五、蟹

出蟹肉又称剔蟹肉。先将蟹蒸熟或煮熟，待蟹冷却后，再进行出肉加工。

出蟹黄先剥去蟹脐，再掀开蟹盖，用牙签剔下蟹壳内的蟹黄，注意不要将砂袋混入。挖去蟹鳃，用竹签剔出蟹身上的蟹黄，出蟹黄时要注意完整性，尽量不要弄碎。

出身肉将蟹身用刀平批成两片，再用竹签剔出蟹肉。也可直接用竹签剔蟹肉。出腿肉先将蟹腿取下，剪去一头，然后用擀杖在蟹腿上面沿剪开的方向滚压，这样就可以把腿肉挤出。也可先剪去下端无肉的蟹脚，然后，用剪刀沿着蟹脚上端较扁的一侧剪开，仍用牙签剔下蟹脚的肉。

出螯肉将螯扳下，用刀面拍碎螯壳，取出螯肉即可。也可将螯的小钳扳断，用剪刀剪开螯，用牙签将螯肉剔下。将蟹黄和蟹肉混放在一起，一般叫做蟹粉。

六、贝壳类

（1）海螺、田螺

1）生出肉。将海螺和田螺的外壳用铁器砸破，取出螺肉，摘去螺黄，揭去硬盖，用刀刮去黑膜，将螺肉放入盛器内，加入少许食盐、醋揉搓片刻，除去海螺头部粘液，用清水洗净。

2）熟出肉。将海螺洗净后，放入凉水锅中，煮至螺肉离壳，捞出后用竹签将螺肉连黄挑出，除去尾部洗净。

（2）牡蛎、蛤蜊、蛏子

1）生出肉。将牡蛎、蛤蜊、蛏子刷去污泥，吐净泥沙，用刀一剖为二，将肉取出。

2）熟出肉。将牡蛎、蛤蜊、蛏子吐净泥沙洗净后，放入沸水锅中略烫，待原料张口后捞出，然后将肉剥下。

（3）河蚌

1）生出肉。用刀刃嵌入蚌壳的闭合处，用力往里推，撬开蚌壳，随后用手将里面的蚌肉全部取出，顺手扯去污物、白膜和砂袋等不能食用的部分，再用刀割下黏在蚌壳内的两块闭合肌。将蚌肉放入盆内，加少许盐揉擦，再用清水反复冲洗，除去黏液等，至手感不滑腻即可。

2）熟出肉。将洗干净的河蚌放入冷水锅煮制，待蚌壳张开时捞出，用手或小刀将蚌肉取出，去净白膜，再用清水反复冲洗干净。此法适用于小河蚌。

第四节 火候鉴别基本功训练

一、火候及其意义

火候就是烹调时所采用的火力的大小和时间的长短。在烹饪菜肴时，由于原料的质地有老嫩之分，形状有大小、厚薄之别，菜肴要求有脆嫩、酥烂之异，因此，需要掌握运用不同的火力和时间。火候如果发生了变化，受热的原料也就会发生变化，所以火候是决定菜肴质量的成败关键。只有运用不同的火力和加热时间，才能烹饪出色、香、味、形俱佳的菜肴。因此，火候又是烹调方法多样化的重要因素。烹调时，一方面要鉴别火力的大小，另一方面要根据原料的性质鉴别掌握成熟的时间。两者统一，才能使菜肴烹调达到标准。

二、火候的原则

制作菜肴时火候对饭菜质量起着关键性作用。由于可变因素很多，而且变化很复杂，只能根据原料性状、制品要求、传热介质、投料数量、烹调方法等可变因素，结合烹调实践提出掌握火候的一般原则：质老形大的原料用小火，时间要长；质嫩形小的原料用旺火，时间要短；要求脆嫩的菜肴用旺火，时间要短；要求酥烂的菜肴，用小火，时间要长；用水传热、菜肴要求软、嫩的需要旺火，时间要短；用蒸汽传热，菜肴要求鲜嫩的，要用大火，时间要短；菜肴要求酥烂的，要用中火，时间要长。总之，火候的掌握应根据实际情况灵活运用，要根据原料的性质、菜肴的要求，正确地掌握火力的大小和加热时间的长短。

三、牛排制作火候鉴别

以制作牛排为例火候鉴别训练基本功，牛排火候鉴别如表 4.1 所示。

表 4.1 牛排火候鉴别

中 文	英 文	说 明	温 度
生	very rare	牛排内部为血红色而且温度不高	120℃
一分熟	rare	牛排内部为血红色且内部各处保持一定温度	125℃
三分熟	medium rare	内部为桃红且带有相当热度	130~135℃
五分熟	medium	牛排内部为粉红且夹杂着浅灰和棕褐色，整个牛排都很烫	140~145℃
七分熟	medium well	牛排内部主要为浅灰棕褐色，夹杂着粉红色	150~155℃
全熟	well done	牛排内部为褐色	160℃

第五节 营养配菜

一、营养配菜训练意义

配菜是烹调菜肴前原料加工处理中最后的一个环节。各种菜肴配得是否达到合格标准，直接影响菜肴的色、香、味、形。

"配"是指原料之间的组合搭配，合理的搭配。既要讲究配质、配量、配色、配香、配味、配形也要注重配营养。在自然界，没有任何一种动物或植物的蛋白质是完全符合人体需要的。只有将各种食物合理搭配，才能取长补短，从而提高食物的营养价值。如谷类蛋白质中，赖氨酸较少，色氨酸较多，豆类蛋白质中，则色氨酸较少，赖氨酸较多，将这两种食物适当搭配，可以互相补充这两种氨基酸的不足。同样还要注意荤素搭配、粗细搭配。如烧肉可加土豆、胡萝卜、豆腐、菠菜、青菜心、大白菜等；烧鱼可加豆腐、粉线或粉皮；烧鸡加板栗等，都是利用了蛋白质的互补作用。

二、配菜基本功的内容

（1）数量

配单一料的菜肴只有一种料，配量要按照盘子大小和投料标准进行。配主副料的菜肴要有两种以上料，配量要主料数量大、副料量小。

（2）口味

口味淡的主料要配鲜味浓的副料。口味浓的主料要配口味淡的副料。酒席口味要有多种口味，如咸、甜、酸、辣、咸甜、酸甜、酸咸等齐全。

（3）质地

质地配合原则是脆配脆、老配老、嫩配嫩，利于烹调火候质地一致。

（4）形状

形状配合原则是丁配丁、片配片、丝配丝，副料配主料、副料形状小于主料。酒席形状配合要有多种形状配合，如丁、丝、条、片、块、段、茸、泥、球花等。

（5）营养

营养配合原则是各种原料品种要多、数量配比适度、符合人体需求。营养配合要蛋白质互补，即原料蛋白质中氨基酸含量互补。要酸碱平衡，即动物原料与植物原料的平衡配比。

三、配菜基本功实训

1. 实训目标

配菜是整个饮食制作中的一个重要环节，配菜的重点是实现营养平衡与合理饮食结构。科学配菜就是要根据食物原料的外形、结构、化学成分、营养价值、理化性质，进行合理的搭配，达到每一份菜和一席菜的各种菜肴在色、香、味、形及营养成分的配合上满足食用者的需要，达到厨房配菜师标准和劳动部营养配餐员科学配菜的标准。

2. 实训要求

了解配菜食物的消化、吸收、代谢过程及其影响因素、食物中所含的营养成分、食物中营养素的功能、作用机制和它们之间的相互关系、合理膳食与健康的关系、食品加工对营养素的影响、食品营养强化及食品新资源的开发与利用等知识。

掌握各种菜肴名称、制作过程及烹饪特点。领用当天所需食品原料，预提隔天原料。将原料进行刀工处理，切配成符合烹饪要求的半成品原料，根据成本掌握菜单中各种原料的配置，合理配菜，做到投料准。掌握冰箱的性能和原料存放的情况，确保食品原料的新鲜度。严格执行操作规程，保证菜肴原料的质量、重量，杜绝浪费。主动与有关部门联系，正确及时的做好切配工作。在技术上要求刀功好，速度快，记性好。

3. 配菜标准

1）配菜原料：大小一致，形状整齐美观，符合规格要求；数量准确，品种齐备，满足开餐配菜需要；配份用料品种、数量符合规格要求，主、配料分别放置。

2）企业岗位要求：接受零点订单 5 分钟内配出菜肴，宴会订单菜肴提前 20 分钟配齐。

3）配菜技术训练重点：各种菜肴中原料之间的配比投料数量要求准确、合理的初加工、原料的营养保鲜存储等技术。

4. 实训步骤

教学实训步骤如下。

1）根据教学训练菜单领取加工原料，备齐主料和配料。

2）备齐配菜各类配菜用具，清理配菜台准备配菜。

3）根据菜单标准需要对菜肴配料进行初步加工训练。

4）按配份规格配制各类菜肴主料、配料及料头，完成配菜。

5）搞好收尾工作将剩余原料分类保藏，整理冰箱、冷库。

6）实训鉴定、总结、讲评。

5. 配菜基本功实例

训练内容：《配菜一抓准训练》。

第一步：分成训练小组每组准备里脊肉 400 克。

第二步：按照刀工标准将里脊切成片、丝、丁等。

第三步：每组准备台秤一部。

第四步：每人每次试抓原料 50 克、100 克、150 克等份量训练。

第五步：每人训练的原料用台秤称一下分量，确定成绩。

第六节 装 盘

一、装盘基本功训练标准

1）盛器：需洗净、消毒、无水、无污垢。

2）盛装：菜肴数量符合规定的标准，主料突出。

3）注意：酒席多量菜肴分装要相等。

4）汤菜：盛装容器的 $85\% \sim 90\%$。

5）温度：热菜要及时上桌，凉菜一定要凉吃。有保温措施。

6）相配：菜肴色形与器皿的色形的配合科学合理。

7）盛器齐全：如"圆盘、方形盘、条盘、平盘、汤盘、鱼盘、异型盘"等。

8）器皿与菜肴的配合标准。

① 器皿的尺寸与菜肴的分量相适应。

② 器皿的形状与菜肴的技法相适应。

③ 器皿的色泽与菜肴的色彩相协调。

二、训练方法

（1）盛入法训练

盛入法应用多种类技法菜肴、不易散形菜肴，用手勺有选择地把菜肴盛入盘中，先盛入一般小的无特色的原料，然后盛入有代表特色的美观原料。

（2）拖入法训练

拖入法用于整型的鸡鱼等菜肴，特别是用于鱼的装盘。装盘前先将锅中菜向上略抖掀一下，同时顺势将手勺迅速插入原料下面，锅与手勺相配合，连拖带倒将菜肴拖入盘中。

（3）滑入法训练

滑入法用于煎、铁扒等烹制技法制作的菜肴。装盘前从锅四周加入油，将锅摇动趁势将菜滑入盘中，同时锅向后快速移去，使菜形状不变。

（4）倒入法训练

倒入法用于质嫩、易碎、勾芡的烩菜汤菜。其装盘方法首先用手勺盛一满勺质好而芡少的原料，然后将其余菜倒入汤菜盘中，最后将一手勺菜倒在表面。

第七节　烹饪职业体能训练
——身体素质基本功训练

一、职业体能训练的意义

职业体能训练是指以身体练习为基本手段，根据职业人在从事职业工作和活动时对一般身体素质和基本活动能力的特殊需要，而开展的旨在保障身体工作水平和社会适应能力的专门性体能教育途径和手段。开展职业体能训练，可以充实和完善对职业活动有益于活动能力和身体素质储备，强化发展对职业重要的身体能力及其相关能力，在此基础上保障身体活动水平的稳定性，提高机体对不良劳动环境条件的耐受力和适应能力，防止各种职业病的发生，提高劳动者的工作效率，同时增进劳动者的身体健康。

二、力量素质训练

1）上肢肌群：俯卧撑、推举哑铃、各种拉引动作。

2）腹背肌群：仰卧起坐、各种方式提拉重物、传接球、屈伸练习。

3）下肢肌群：立定跳远、跳绳、下蹲较慢、跳台阶练习。

4）全身肌群：立卧撑、举重物、投掷沙袋、低高单杠连续翻身上。

三、基本功连续性训练法

基本功连续性训练法是指在相对较长的时间里，用较稳定的强度无间歇地连续进行的练习方法，如采用直刀切方法加工土豆丝，以训练耐力和稳定刀法的动作质量为目的。用这种方法进行练习，对手指、手腕、小臂刺激所产生的影响比较缓和，有利于在刀法训练过程中充分体会技术动作要领，包括左、右手的协调配合，巩固和提高刀法操作动作的质量，增强训练效果。

在初学一种技术动作的起始阶段，运用持续性训练法时应注意控制好行刀速度，以适中均匀的速度为宜；所加工的原料体积或原料厚度不可过大过厚；可以采用代用原料进行训练，如报纸等，以 1～3 层为宜，条宽以 2～5 厘米为宜。教学实践表明，当初学一种技术动作时，如训练强度过大或过小，都不利于技术动作的掌握和提高。

第五章　西餐热菜烹调工艺

学习目标：通过本课程学习，使学生了解西餐热菜烹调工艺的概况、特点、制作要求等相关知识，初步具备制作合格产品的工作能力；能熟练使用烹调工艺相关设备和用具；能够制作西餐各国热菜和汤菜，制作的食品能符合营养卫生的要求；能制作符合色、香、味、形等质量标准的产品，能将相关的科学理论知识运用到操作实践中；能运用烤、煎、炸、蒸、煮、炒等各种烹调方法制作热菜；能制作冷汤、奶汤、蔬菜汤菜肴；具备注重卫生、注重营养，在生产流程中善于沟通和合作的品质，为掌握上岗就业所必需的职业能力奠定基础。

学生就业岗位：大中型酒店、宾馆的西餐制作一线技术管理岗位、大中型高级西餐厅经营管理工作岗位、西式配餐公司的营养与配餐技术和管理工作岗位、食品企业的加工及管理工作岗位、大中专、职高和技校相关专业的教学和培训工作岗位。

第一节　西餐热菜工作岗位认识

一、西餐厨师岗位任职资格

1) 身体健康，精力充沛，会做各种西餐菜肴。
2) 具有强烈的责任心，勇于开拓和创新，头脑灵活、工作干练。
3) 拥有较高的烹饪技术，了解和熟悉食品材料的产地、规格、质量、一般进货价等。
4) 拥有一定的成本控制管理、食品营养学、食品卫生、厨房的设备知识基础。

二、西餐厨工岗位职责

1) 负责每日协助厨师做好出品工作，如帮砧板、炉头、沙律档等工作。
2) 每日提前到岗，负责厨房的物料、食品的领取及厨房开炉、打荷等工作。
3) 负责砧板的厨工每天上班前要检查冰柜的用料是否够用、配料是否齐全有否变坏，按各种用料的需求来预计用料量。保持食品新鲜度，生熟食品分开存放。
4) 负责汁水的厨工每天要检查所需的冻热汤汁是否够量、调味是否恰到好处，并密封存放在冰柜中。同时要严格按顺序出菜。
5) 对肉类的切割要斤两准确，熟悉肉类的配制和保存。负责厨具的清洁，把剩余的食品等放回冰柜保存，并做好炉头的清洁。

三、西餐厨师岗位职责

1) 在西餐主厨的领导下，严格按菜式规定烹制各种菜式，保证出品质量。
2) 熟悉各种原材料的名称、产地、特点、价格、起成率、淡旺季，协助总厨检查购进货源的鲜活、质量、数量必须符合要求，发现问题及时向领班、主管汇报。

3）遇到货源变化、时令交替时，协助设计、创新烹制新菜式。

4）按总厨分工，完成大型宴会、酒会的菜品制作任务。

5）协助管理和爱护本岗位各项设备用品，有损坏及时补充及报修。

6）总厨做好年终、月终所有设备用品的盘点工作。负责运送与提取经批准的各种食品。清理工作台面，保持工作区域的清洁卫生，及时冷藏食品、蔬菜及剩余物品，以减少浪费。

7）清扫冰箱、冷库，各种食品须放入适当的容器，并在货架上码放整齐。

四、西餐大厨岗位职责

1）协助行政总厨搞好每天工作，负责西厨房的工作安排。

2）协助行政总厨制定西餐厅菜牌、厨房菜谱及食品价格，起承上启下的作用。

3）布置工作任务安排工作细节，对员工给予指导和监督，处理工作中的问题。

4）安排西厨房人员的工作排班时间表，合理分配人力，必要时安排员工加班。

5）做好西厨房财产管理，协助行政总厨检验食品质量，并制订采购计划。

6）监督检查员工的个人卫生，加强各岗位人员的业务知识培训，严格执行员工纪律。

7）保养西厨房设备，确保不使用肮脏和破损的餐具用具，训练员工按照规程操作。

8）经常检查各岗食品出品质量、食品味道成色所要求的温度及菜肴的份额。

9）熟悉食品卫生法及操作安全知识，禁止患病员工进行操作或取送食品。

10）定期对部门的工作进行总结，对员工的表现进行考核并向上级汇报。

11）妥善使用西厨房内的设备，经常清洁保养，如发现问题及时报工程部维修。

第二节　热菜间工作流程

一、西餐热菜间工作流程

1. 餐前准备

上午 9:30 按时到岗，接受厨师长和领班厨师的任务分配；认真核对上午订单，检查原料及调味料是否满足订单所需，以及品质是否存在变质等影响正常开档的问题，如有发现影响正常开档的问题及时向上级领导汇报，并协助解决；认真执行餐前消毒工作，检查常用器具是否卫生合格。下午 4:20 按时到岗，认真核对下午订单，并做好调味料的增补工作；及时处理临时来单，及时向领班厨师及领导汇报，在最短时间内做好临时来单的准备工作。

2. 开档工作

（1）按订单时间及量来做好开档工作

1）严格执行避免浪费原则，按订单的多与少来准备原料，合理利用。

2）按订单规格及领班厨师的合理安排来制作菜肴。

3）遵循"按时按量保质"原则来制作每道菜肴。

4）设计每道菜肴的围边造型。按用餐规格和菜品档次合理制作。

5）上菜之前，保证每道菜品无污染，符号食品健康安全标准。

（2）保证食品的食用安全

1）严格按照食品的食用要求来检查原料的品质安全。

2）做好砧板的消毒（如酒精、消毒液）工作，生熟分开来切配。

3．收档工作

1）全面对待每一个死角上的卫生。做好砧板、刀、毛巾、用具等的消毒工作。

2）及时开启紫光灯。关好煤气、水、电，锁好门窗及冰箱上的锁。

3）将本天垃圾在规定时间内送到垃圾房，倒完垃圾后及时清洗，套上专用垃圾袋。

4）检查各种原料现在状况，碰到需要处理的，及时向上级领导汇报，避免不必要的浪费。

5）为早晨厨师按订单来配备好早餐用餐原料，做到生熟分开，不混放、不乱发。

二、炒菜岗位工作流程

1）使用炉灶前，要仔细检查电源设施及炉灶系统。电器设备必须正常才能启动。

2）打开风机开关通风5分钟后，才能打开气源开关。必须先微风，然后慢慢由小开。

3）使用炉灶前的注意事项参照《操作规范》。

4）清洁灶台、锅铲。标准：无杂物、无锈迹、无黑斑。

5）备好调料。标准：味盅必须干净，摆放整齐，调料台干净。

6）检查菜的质量。标准：必须干净，无腐烂；鱼、肉类必须新鲜。

7）炒菜分批量少，保证菜的质量。标准：必须多锅少炒，保证供给。

8）炒完菜时，将炉灶、台面、调味台用洗涤剂清洗。标准：无杂物、无垃圾、无油污。

9）收档时将未炒完的菜集中回收，荤菜加上保鲜纸进入冰箱，素菜覆上保鲜纸。

三、点心岗位工作流程

1）上岗后，用清水加洗涤剂去掉器具上的油污，器具里外干净无杂物。

2）工具用清水冲洗擦干，确保无洗涤剂泡沫、无杂物。

3）和面配料：加入适当的水和配料进行搅拌，先慢速，再中速到快速。

4）将发酵后的点心料置入烤箱内烘烤。必须先启动底部。

5）完成后清洁：加工完成后及时清洁机器设备卫生和工作场地卫生。

6）收档时，设备无杂物、无面垢、无奶油渍，地板无垃圾、无杂物，台面无面粉。

四、切菜岗位工作流程

1）上岗后，清洁刀、砧板及台面，使刀无锈斑、无油污，砧板无异味。

2）再清洁：用清水将刀、砧板、台面冲洗干净，刀无洗涤剂泡沫。

3）切配菜按规定进行分类切配，精工细作。丝、条、片必须大小均条。

4）切配好的菜不能放在地上，整齐摆放在菜架上。

5）生熟食品分开切配，标准：切配熟食的刀。砧板必须以过高温清毒 10 分钟。

6）切配中必须一面切菜，一面清除卫生。

7）收档时，台面和地板无垃圾、无杂物。

五、洗碗工作规范

1）上岗后，及时把使用过的碗、碟、盘、勺收集到指定位置，分类放置，不零散。

2）初洗：用清水初洗去掉剩饭、剩菜和汤渍。标准：碗、碟、勺、盘里外没有残渣。

3）细洗：用 35℃ 的温水加洗涤再用抹布逐个里外清洗干净。标准：没有任何杂物。

4）清洗：用清水清洁，浸泡后逐个捞起，标准：没有洗洁精泡沫。

5）消毒：把洗好的餐具经检查晾干后放入消毒柜清毒。温度在 100℃ 以上，消毒时间在 30 分钟以上。

6）供应：开餐前 10 分钟将餐具放在备餐间台适当位置。摆放均匀方便使用。

7）检查：抽样 100 个，合格率必须达 98%。

第三节　西餐烹饪工艺技法

一、生吃

在欧洲美食中生吃（英语：raw）类是具有代表性的菜肴，它是将新鲜生牛肉用刀剁碎后配以洋葱、酸黄瓜、伍斯特少司和生鸡蛋一起食用，口感鲜嫩、回味无穷。

 例——鞑靼牛肉

图 5.1　鞑靼牛肉

鞑靼牛肉如图 5.1 所示。

（1）原料

1）主料：牛柳肉 150 克。

2）配料：洋葱 10 克切碎，香芹 5 克去老筋切碎，酸青瓜切碎，马槟榔 1 个切碎，蛋黄 1 个。

3）调味料：Tabasco 酱汁 3 滴，盐和鲜磨胡椒少许。

（2）制作

1）配料加工：洋葱切碎，香芹去老筋切碎，酸青瓜切碎，马槟榔切碎。

2）主料加工：将牛肉 150 克切好。

3）菜肴调味：主料与所有配料和调味料拌在一起（蛋黄除外）调味。

4）菜肴造型：把牛肉弄成一个圆形，分开放在不同的盘子里，中央用汤匙做一个浅洞。把蛋黄滑到洞里，立即食用。

鞑靼牛肉非常嫩滑，味道特别鲜美。因为加了生蛋黄，所以在制作时卫生一定要注意，但当制作好以后味道很鲜美。

 例——生吃龙虾

生吃龙虾如图 5.2 所示。

（1）原料

1）主料：龙虾肉 150 克。

2）配料：生菜 50 克，柠檬 50 克，冰碎 1000 克。

3）调味料：日本万字酱油（可用生抽代替），日本青芥辣。

（2）制作

1）龙虾加工。龙虾放在案板上，取来手套

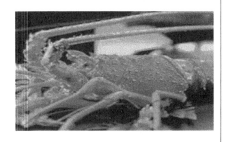

图 5.2　生吃龙虾

或者两条毛巾分别护住双手，然后左手按住龙虾头，右手按住龙虾尾，将龙虾拿起，左右手同时反方向用力扭转并拉动，此时龙虾头与龙虾尾便分开了。

2）虾取肉。接下来要剥开虾身的壳，取出完整的龙虾肉。将龙虾尾放到案板上翻过来，尽量把虾身压直，在背部和腹部的边缘将刀向里斜向插入，如果有厨房用剪刀替代刀更好。在两边都剪开并深入到龙虾肉里面后，取一把稍大的小钢勺，开始剥壳取肉。取下完整的虾肉，清除一层附在龙虾肉上面的薄皮后，晶莹剔透的龙虾肉就呈现出来了。

3）虾肉加工。把龙虾肉放入有冰块的小盆中，用冰碎简单清洗一下龙虾肉。此时，将龙虾头与龙虾尾按龙虾的原形摆在大盘中，龙虾尾的两边盘中空白处用冰碎填满铺均匀。把冰清洗后的龙虾肉放置展板上，先用刀将龙虾肉分开两边，然后依次顺着龙虾肉的蒜瓣纹路将龙虾肉改成小块。改好后再用冰碎揉搓一下。

这里做的龙虾主要是龙虾肉，也就是龙虾尾的部分。所以，此时龙虾头在这道菜里剩下的用途就是造型点缀了（龙虾头煲粥吃）。

4）刺身造型。将改好后的龙虾肉小块用刀顺着龙虾肉的纹路片成薄片，依次摆放在龙虾尾两边盘中空白处的冰碎上。

5）蘸食汁。将调料调和在一起，挤汁滴入小料中即可，也可以滴一些在龙虾肉上。（注：新鲜的三文鱼，放冷藏室 30 分钟"镇"一下，口感会更好。）

二、煎

作为最古老的烹饪方法之一，煎（英语：pan-fry）的历史可以追溯到公元前2500年的古埃及文明。用于煎的导热原料有两种：油或脂。油来源于植物性原料，如橄榄油；脂来源于动物性原料，如牛脂。欧式厨房里用于煎的容器几乎只有平底煎锅，而英语中的烹饪词汇远不如汉语丰富，因此干脆在"fry"之前加一个"pan"平底煎锅，用来区分煎和炸（deep fry）。

平底煎锅中油或者脂的用量一般不超过原料厚度的1/3。和100℃的水温相比，油的温度能达到200℃以上，从而赋予了原料表面金黄的色泽和香脆的口感。在欧洲厨房里用于煎的菜看不胜枚举，如瑞士猪排（cordonbleu），它是取两块厚度适中的猪肉排，以一层肉排、一层奶酪、一层熏火腿、一层奶酪、一层肉排的顺序夹好后封边，并裹上面包粉在中火下慢煎而成。食用时切开肉排，熔化的奶酪随即流出，浓香四溢；再配以熏火腿的咬劲和猪排的松脆，非常可口。

煎的传热介质是油和金属，传热形式主要是传导，常用的煎法有3种：①原材料煎至前什么辅料也不粘，直接放入煎锅；②把原材料粘上一层面粉或面包屑，再放入油中煎熟；③把原材料粘上面粉，再粘鸡蛋液，然后放入煎锅煎熟。

煎的用途最广，多用中火，有时用旺火、小火；用油量不宜过多，油量不漫过原料厚度为宜；油温7~8成热时下料，先煎一面，再煎另一面。

 例——煎鳕鱼配番茄汁

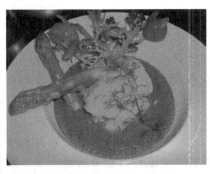

图5.3　煎鳕鱼配番茄汁

煎鳕鱼配番茄汁如图5.3所示。

（1）原料

1）主料：银雪鱼150克。

2）配料：土豆粉50克，番茄100克，瓜50克，鲜丢草5克。

3）调味料：柠檬20克，水瓜柳5克，番茄汁100毫升，橄榄油10毫升，黄油40克，盐4克，胡椒粉3克，白葡萄酒10毫升，柠檬汁5毫升，牛奶100毫升。

（2）制作

1）先将鳕鱼用盐、胡椒粉、白葡萄酒、柠檬汁腌制备用。

2）牛奶倒入锅中，加入黄油煮开，再倒入土豆粉，调成泥状备用。

3）起锅倒入橄榄油，将鳕鱼煎上金黄色装入盘中，淋上自制番茄汁，土豆泥制成形状和配菜摆在盘边，用丢草、番茄、柠檬等做装饰。

例——煎牛柳配黑椒汁

煎牛柳配黑椒汁如图 5.4 所示。

图 5.4　煎牛柳配黑椒汁

（1）原料

主料：牛柳 200 克。

配料：菠菜 50 克，胡萝卜 20 克，小西葫芦 20 克，红薯片 3 克。

调味料：蒜碎 5 克，洋葱碎 20 克，黄油 60 克，盐 7 克，黑胡椒碎 15 克，淡奶油 20 毫升，红葡萄酒 100 毫升，白兰地 10 毫升。

（2）制作

1）将牛柳淋上 10 毫升的红葡萄酒和 2 克的盐进行腌制。

2）煎锅加热放入 30 克黄油用中火将牛柳煎八成熟。

3）将少司锅加热，放入黄油 10 克，待黄油熔化七分热后加入洋葱碎、黑胡椒碎、蒜碎一起炒香，炒香后再加入 90 毫升的红葡萄酒、白兰地小火煮，让红酒与白兰地浓缩后加入烧汁一起煮，最后加入淡奶油，盐 3 克搅拌均匀制成黑椒少司。

4）把煎好的牛柳放在菠菜上面，再把黑椒少司浇在牛柳的周围。

5）将小西葫芦胡萝卜做成橄榄状，焯水调味；红薯片炸至金黄色装饰即可。

三、炸

炸（英语：deep-fry）就是旺火多油。锅内下油的数量要能淹没原料，并使原料能浮在油面上。因为炸的过程中没有水的参与，所以西方人也把它归为"干式烹饪法"的一种。根据时间和火候的不同，炸出的菜肴可以有香、酥、焦、脆、嫩等不同特点。但在欧洲厨房里，炸类菜肴多数都有色泽金黄、外脆里嫩的特点。炸类代表菜肴是被称为英国国菜的炸鱼配薯条（fish and chips）。

油炸是把加工成型的原料经过调味，并裹上面粉或面糊后，放在油锅中，加热成熟上色的烹调方法。炸的传热介质是油，传热形式是对流和传导。通常炸的方法有两种：①在原料表层粘面粉、鸡蛋液、面包屑然后进行炸制；②在原料的表层裹上面糊进行炸制。由于炸制的菜肴是在短时间内用较高的油温加热而成的，所以炸技法多用油、旺火，有时也用中、小火使原料成熟。

例——炸鸡排

图 5.5　炸鸡排

炸鸡排如图 5.5 所示。

（1）原料

1）主料：鸡大胸 1 个。

2）配料：火腿 50 克，鸡蛋 1 个。

3）调味料：芝士片 50 克，面包糠 20 克，面粉 20 克，盐 3 克，胡椒粉 1 克，白葡萄酒 5 毫升。

（2）制作

1）将鸡胸从中间片开，两边不要切断，用白葡萄酒、盐、胡椒粉腌制备用。

2）将火腿片、芝士片、瓢放入其中，将口用刀背剁一下，封上口。

3）将鸡胸调味，粘上面粉、鸡蛋液、面包糠，入油锅炸熟。

4）斜刀片开，装盘即可。

 例——维也纳炸猪排

维也纳炸猪排如图 5.6 所示。

（1）原料

1）主料：猪里脊 150 克。

2）配料：蘑菇 20 克，火腿 20 克。

3）调味料：面粉 50 克，鸡蛋 50 克，面包糠 50 克，芝士 20 克。

（2）制作

1）猪里脊加工成片（中间片开），用盐和胡椒粉调味。

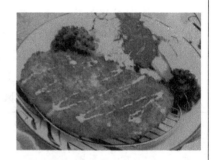

图 5.6　维也纳炸猪排

2）肉中间片开放入炒好的蘑菇、火腿、芝士，然后依次粘上面粉、鸡蛋、面包糠。

3）放入油锅中炸至金黄色，装饰装盘即可。

四、焗

　　焗（英语：gratin）是一种典型欧洲的烹饪方式，来源于法国，是将黄油或者调味少司盖在易熟或半熟的原料上，放入特制的焗炉（salamander）短时间内高温加热，待黄油或调味少司熔化沸腾后取出上盘。焗在保证菜肴新鲜度的同时，还赋予菜肴浓郁的香味和表面亮丽的色泽，是高级厨房不可或缺的烹饪方式。

例——焗大虾配蒜香菠菜

焗大虾配蒜香菠菜如图 5.7 所示。

（1）原料

1）主料：大明虾 2 只。

2）配料：菠菜 100 克，柠檬 1 个。

3）调味料：盐 2 克，白葡萄酒 10 毫升，胡椒粉 3 克，香草 5 克，黄油 4 克。

图 5.7　焗大虾配蒜香菠菜

（2）制作

1）明虾去虾线，背开斩断虾筋，用盐、白葡萄酒、胡椒粉腌制。

2）菠菜取叶焯水，上火加黄油、大蒜炒香备用。

3）明虾抹好香草、黄油、放入明火焗炉中焗熟。

4）将菠菜放入盘中，上面放虾肉装盘即可。

例——法式焗蜗牛

图 5.8　法式焗蜗牛

法式焗蜗牛如图 5.8 所示。

（1）原料

蜗牛肉 12 只，鲜香菇 50 克，冬笋 50 克，蘑菇（鲜）75 克、火腿 25 克、色拉油 100 克，味精适量，鸡精适量，料酒适量，蚝油适量。

（2）制作

1）将预处理后的蜗牛肉切成丁，再将香菇、冬笋、蘑菇、火腿切成丁。

2）将鸡蛋打成蛋泡糊待用。

3）热锅注入食油，上述原料炒熟后装蜗牛壳内，用蛋泡糊封口。

4）上笼蒸约一分钟，取出装盘即可。

五、烩

烩（英语：braise）是典型法国式的烹饪方法。一般意义上的烩是煎、煮和焖的结合：先将主料煎熟，然后加入鲜汤或少司，煮沸后用中到小火焖至酥烂，最后旺火收汤。烩也是"干式烹饪法"不含水和"带湿烹饪法"有水的参与的结合。烩类菜肴最典型的特点是口感酥嫩，口味浓郁，喷香四溢。

　　烩是把加工好的原材料，放入用相应的原汁调成的浓少司内，加热至成熟的烹调方法。烩的传热介质是水，传热方法是对流与传导。由于烹调中使用的少司不同，烩又分红烩（番茄酱），白烩（奶油）等不同的方法。烩的特点烩制过程使用原汁和不同颜色的少司，所以一般具有原汁原味，色泽美观的特点。

 例——红烩羊肉

图 5.9　红烩羊肉

红烩羊肉如图 5.9 所示。

（1）原料

1）主料：羊腿肉 300 克

2）配料：洋葱 1 个，土豆 1 个，胡萝卜 1 根，芹菜 1 棵，青椒 1 个，红椒 1 个，橙椒 1 个。

3）调味料：香叶 2 片、迷迭香 1 克，大蒜 1 头，番茄酱 30 克，面粉少许，基础汤 600 毫升，米饭 100 克，白胡椒粒 10 粒，盐若干，干红葡萄酒 10 毫升。

（2）制作

1）将羊腿肉除去多余的脂肪、筋膜后，切成大小合适的块。

2）洋葱、胡萝卜切成块，芹菜切段。香叶、迷迭香、白胡椒粒放入纱布包成包。

3）将羊肉块用油煎上色，放入干红葡萄酒，煮干后备用。

4）用油炒香洋葱块、胡萝卜、芹菜段、蒜碎，加入煎好的羊肉块，放入番茄炒出红油，放入少许面粉拌匀，加入基础汤，放入香草包，煮至羊肉变软调味。

5）青椒、红椒、橙椒切成宽条，用油炒熟。

6）将烩好的羊肉放入盘中，上面撒上青椒红椒，米饭单跟即可。

 例——奶油烩鸡

奶油烩鸡如图 5.10 所示。

（1）原料

1）主料：鸡肉 230 克。

2）配料：洋葱 10 克，青椒 20 克，蘑菇 45 克。

3）调味料：黄油 40 克，面粉 20 克，鸡汤 250 毫升，牛奶 60 毫升，奶油 60 毫升，雪利酒 10 毫升，盐若干，胡椒粉若干。

图 5.10　奶油烩鸡

(2) 制作

1) 用黄油、面粉、牛奶制成奶油汁。

2) 将鸡肉煮熟，切丁，备用。

3) 将黄油、洋葱、青椒和蘑菇炒出香味，放入鸡肉丁，加入奶油汁，再放入鲜奶油、胡椒粉、盐调味即可。

烩火候大小、时间长短，根据原料块形和肉质老嫩而定。焖将原料先撒上盐和胡椒粉，下油锅煎葱后放入焖锅内，再将蔬菜、香料、香叶下锅炒到金黄色，加酒、辣酱油等和少许清水，用旺火烧沸后加盖，转温火焖酥。

六、烧烤

烧烤（英语：grill）又称铁扒，从词源学出发，“grill”一词来自于拉丁语中的“craticulum”，意思就是网格。古罗马时期的烧烤架和现今没有太大区别，都做成了网格的形状。烧烤被认为是所有的烹饪方法中历史最悠久的，因为其过程只需要明火的参与，而不需要别的烹饪设备。烧烤是将待烤的食物串成一串放到火上，适当翻几次之后离火上盘。英语中的“barbecue”一词（简写为“BBQ”）来源于墨西哥西班牙语中的“barbacoa”，意思是“敞开的烤炉”。根据牛津英语辞典，“barbecue”一词最早出现于1661年，当时指的还是一种烹饪设备。

烧烤这种烹饪方式在欧洲相当普遍，几乎没有哪个国家的厨房里会完全不用到烧烤。可是真正把烧烤类菜肴作为自己国家代表菜的却只有希腊的串烤（souvlaki）。去过希腊的朋友都知道，串烤、肉卷（gyros）和茄子千层饼（mousaka）是当地的三大国菜，而这其中又以串烤居首，凸显出希腊人对这款菜肴的喜爱。

烧烤的传热介质是空气和金属，传热形成是热辐射和热传导。由于烧烤的烹调方法是明火烤制，温度高，能使原料表层迅速碳化，而原来内部水分流失少，因此这种烹调方法知足菜品都带有明显的焦香味，并有鲜嫩多汁的特点。

例——橙汁烤鸭腿

橙汁烤鸭腿如图5.11所示。

(1) 原料

主料：鸭腿1只。

调味料：盐1克，红糖10克。

配料：鲜橙片1片，叉烧酱50克。

(2) 制作

1) 选优质的鸭腿用盐、红糖、叉烧酱涂抹鸭腿，腌制4小时。

图5.11　橙汁烤鸭腿

2）在 200～230℃的烤箱中烤熟鸭腿肉，使其呈金黄色。

3）将烤熟的鸭腿肉摆放盘中，用烤熟的橙子片及金笋尖装饰。

4）最后将橙子榨汁放入锅里加糖慢慢煮有稠度为最佳，点缀即可。

例——加州牛扒

图 5.12　加州牛扒

加州牛扒如图 5.12 所示。

（1）原料

1）主料：加州肉眼牛扒 220 克。

2）配料：芦笋 150 克。

3）调味料：烧汁 50 毫升，红酒 30 毫升，洋葱 50 克，盐少许，黑胡椒碎少许。

（2）制作

1）将牛扒在扒条炉上扒上条纹，在 200℃烤箱中烤 8 分钟取出装盘。

2）芦笋去皮在扒条炉上扒上纹后，用黄油炒熟，用盐、胡椒粉调味摆盘。

3）用小火炒香洋葱，加入红酒、烧汁，待烧汁浓稠后调味，淋在肉上即可。

七、罐焖

罐焖（英语 pot stew）：先将已烧熟的家禽或野禽带骨切块放入罐内，再加配料和炒黄的洋葱块、烟熏过的猪肉肋条块、蘑菇块、土豆或其他熟的蔬菜、酒、白脱油或少量红汁沙司，加盖用温火焖酥即可。炸锅宜大、油宜黄，或菜达到外黄里嫩熟。煎一般下锅时锅要热，油要多，待一面煎黄后翻匀转温火煎熟，达到外黄里嫩熟。

例——罐焖牛肉

罐焖牛肉如图 5.13 所示。

（1）原料

1）主料：牛肉（肥瘦）750 克。

2）配料：土豆 750 克，洋葱 250 克，胡萝卜 250 克，芹菜 100 克，豌豆 100 克，番茄 150 克。

3）调味料：红葡萄酒 1000 克，辣酱油 50 克，盐 15 克。

（2）制作

1）将牛肉切方块，用精盐、胡椒面拌匀。

图 5.13　罐焖牛肉

2）用热油煸炒牛肉放入锅内，加上香叶、胡椒粉、干辣椒、牛肉汤、用小火加热。

3）将胡萝卜切片，用油炸至上色后捞出备用。

4）洋葱切块用油炒黄时放入番茄酱，炒至油呈红色时放入焖肉锅内，搅匀焖至八成熟，用油炒面粉勾芡，使汤汁稠浓，并放入精盐、辣酱油、红酒调好，再加上炸过的胡萝卜块、水焯过的青椒块、芹菜段和大蒜末搅匀煮沸。

5）装罐或砂锅时，先装用油炸过的土豆块，再装牛肉、牛肉汁，上面放煮熟豌豆、西红柿块，放在火上烧开后加盖，用小火焖10～15分钟即可。

 例——罐焖鸡

罐焖鸡如图5.14所示。

（1）原料

鸡肉250克，洋葱25克，胡萝卜25克，土豆50克，口蘑5克，香菜10克，番茄25克，奶油25克，猪油250克，番茄酱25克，面粉10克，胡椒粒3或4粒，香叶1或2片，精盐、味精各适量，胡椒粉、大蒜各少许。

（2）制作

1）土豆、胡萝卜、洋葱、番茄、口蘑切小块；蒜、香菜切末；鸡肉切成3厘米丁。

图5.14 罐焖鸡

2）煎盘内放猪油，烧至五成热，将副料分别炸至呈金黄色，将鸡肉炸至呈暗红色。

3）焖罐内加水，投入剩余的胡萝卜、洋葱、香叶、胡椒粒、鸡肉，将鸡肉焖熟后取出。

4）瓷罐内放油、熟牛肉、味精、番茄、口蘑、蒜末等，烧开后调好口味，浇上奶油，扣上盖，送入烤炉中，烤至罐热取出上桌即成。

八、熏

熏（英语：smoke）这种烹饪方法在中餐里并不常见，而在欧洲厨房里却扮演了重要的角色。简而言之，熏是将原料放入密闭的熏箱，然后在熏箱内点燃木头（在欧洲主要是橡木），借着燃烧产生的烟熏制原料的烹饪方法。由于熏的过程中并没有热量的直接参与，因此需要的时间相对较长。在熏制菜肴中，肉类和鱼类的数量最为丰富，但也有很多奶酪、蔬菜、鸡蛋、苏格兰威士忌甚至啤酒都是用熏的方法制作而成。烟熏时先在原料上涂好糖色，加色拉油、酒、辣酱油、盐、胡椒粉后，将原料放在铁架上，加热至100℃，并在架下设木屑，点燃后关紧炉门熏10分钟即可。

熏可分为3种：热熏、温熏和冷熏。热熏的温度为50～85℃，用热熏制成的食物保质期一般为几天；温熏的温度为 25～50℃，此时烟的温度已经不足以熏熟食物，因此需要额外的热量源。而冷熏的温度为 15～25℃，它同样需要额外的热量源，而且熏的过程会持续数天之久。人们日常食用的香肠、火腿和熏鱼基本都是冷熏而成，因为熏的过程中原料的水分大量渐出，使得食物的保质期会更久。

 例——烟熏三文鱼片

烟熏三文鱼片如图 5.15 所示。

图 5.15　烟熏三文鱼片

（1）原料
1）主料：三文鱼片 120 克。
2）配料：生菜 30 克。
3）调味料：黑鱼子酱 10 克，酸奶油 10 克，柠檬汁 5 毫升。
（2）制作
1）将原料三文鱼片放入密闭的熏箱熏好。
2）将烟熏三文鱼片卷成花朵状，置于盘子中央放上生菜，再把三文鱼放在生菜上。
3）将混合柠檬汁和酸奶油淋在三文鱼旁边，上面放上黑鱼子酱即可。

 例——烟燻肚裆

烟燻肚裆如图 5.16 所示。
（1）原料
鱼肚裆 300 公克，姜片 3 片，烟燻料 3 大匙，茶叶 1 大匙，面粉 2 大匙，白糖 1/2 杯。
（2）制作
1）将鱼肚裆洗干净放入腌料，腌约 30 分钟后取出。
2）将做法 1）的鱼肚裆盛盘并放上姜片，放入蒸笼以大火蒸约 8 分钟，蒸熟后取出备用。

图 5.16　烟燻肚裆

3）把铝箔纸铺到炒锅底部，再放上茶叶、面粉及糖的烟燻料。再于烟燻料上，放上铁架后，再将做法 2）蒸熟的鱼肚裆放上铁架。将锅盖盖上，以中火焖约 8 分钟后，会出现黄烟。
4）待黄烟出现后，烟燻完成，再打开锅盖取出后，盛盘并淋上用白糖及水调成的糖汁即完成。

九、蒸

蒸（英语：steamed）也是西餐经常用的烹调技法。蒸是把食物加工成型的原料经过调味后，放入容器内，用蒸气加热使菜品成熟的烹调方法。蒸是以水作为传热介质，其传热形式是对流交换加热。由于蒸的菜品用油少，同时又是在封闭的容器内加入，因此蒸制的菜品一般具有清淡、原汁原味、保持原材料造型的特点。

原材料在蒸制前要进行调味。放入蒸笼内隔水蒸熟，严格控制火候，要把蒸锅或蒸箱盖严，不要跑气。蒸制的时间根据原材料而定，菜品要以刚刚蒸熟为好，不能蒸过火。蒸适合制作地质鲜嫩、水分充足的原料，如鱼、虾、慕斯、布丁等。

 例——蒸比目鱼柳配香槟汁

蒸比目鱼柳配香槟汁如图 5.17 所示。

（1）原料

1）主料：比目鱼 1 条。

2）配料：意大利青瓜 1 根，胡萝卜 1 根，鲜莳萝 5 克。

3）调味料：香槟酒 30 毫升，奶油 50 克，盐适量，胡椒适量，柠檬适量，李派林适量。

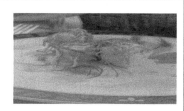

图 5.17　蒸比目鱼柳配香槟汁

（2）制作

1）比目鱼剔出鱼柳，用盐、胡椒、柠檬、李派林腌制。将青瓜、胡萝卜切薄片（部分切丝）。

2）将比目鱼柳用青瓜和胡萝卜薄片卷成卷，蒸 10 分钟。

3）蒸好的鱼柳放盘中。蒸出的鱼水倒入锅中，加入香槟和奶油，收汁后调味，加入莳萝碎、青瓜丝、胡萝卜丝，浇在鱼卷上即可。

 例——汽蒸雪鱼配红花汁

图 5.18　汽蒸雪鱼配红花汁

汽蒸雪鱼配红花汁如图 5.18 所示。

（1）原料

雪鱼柳、红花粉、各式蔬菜、菠菜面、柠檬汁、洋葱末、蒜泥、奶油、白酒、盐、胡椒、橄榄油、黄油、橙肉。

（2）制作

1）用橄榄油调和白酒、柠檬汁、盐、胡椒，涂在鱼柳上，腌渍约 20 分钟。

2）将鱼柳放入蒸笼，急火蒸 10 分钟左右，至鱼肉熟。

3）将各式蔬菜改刀用黄油加洋葱末蒜泥翻炒，加盐胡椒调味；面煮熟用黄油翻炒一下。

4）将奶油加入白酒、红花粉，以小火收浓，加盐调味即成红花汁。

5）将鱼肉装盆，配以蔬菜、菠菜面，淋上红花汁，放上橙肉。蒸鱼时肉断生即可不过头。

十、炒

炒（英语：stir-fry）也是西餐经常用的烹调技法，嫩煎之意。炒使用小体积原材料，原料加工成丝、片、条、丁、块、粒状，用少量的食用油，以较高的温度，在短时间内把原材料加热成熟的烹调方法。由于炒制的菜肴加热时间短，温度比较高，而且在炒制过程中一般不加汤汁，所以炒制的菜肴具有脆嫩鲜香的特点。炒适用于质地鲜嫩的原材料，如牛里脊、鸡肉、虾仁、嫩叶的蔬菜、米饭等。

炒的温度范围为 150～190℃，炒制的原料形状要小，而且大小、薄厚要均匀一致。炒制的菜肴加热时间短，翻炒频率要快。

 例——俄式炒牛肉丝

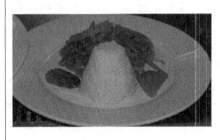

图 5.19　俄式炒牛肉丝

俄式炒牛肉丝如图 5.19 所示。

（1）原料

1）主料：牛里脊肉二两半。

2）配料：洋葱 1 只，青椒 1 只，番茄 1 只，蘑菇 1 只，酸黄瓜半条，米饭 1 杯。

3）调味料：盐、胡椒粉、鸡精、红葡萄酒适量，番茄酱 1 勺，番茄沙司 1 勺，辣酱油少许，酸奶油 1 勺，面粉适量。

（2）制作

1）将牛里脊肉切丝加盐、胡椒粉、鸡精红葡萄酒，面粉腌制，如太干则放适量水。

2）洋葱、青椒、蘑菇、酸黄瓜切丝，番茄去皮去籽切丝。

3）冷油先煸炒牛肉丝至 7～8 分熟置于一边。

4）将洋葱、蘑菇加油煸炒至有香味溢出，加番茄酱 1 勺、番茄沙司 1 勺及少许水煸炒，然后加入青椒丝、番茄丝、酸黄瓜丝略炒，加红酒、盐、鸡精加以调味，尝味可以后加辣酱油少许加牛肉丝拌匀后加入糖拌匀，最后加一勺酸奶油拌匀，装盆，并以米饭做配衬，辅以酸黄瓜及番茄装饰片。俄式菜口味比较浓厚，喜欢用酸奶调味，俄式炒牛肉丝具有酸、甜、咸的味道，并以饭搭配，像中国的盖浇饭。

例——香煎三文鱼炒饭

香煎三文鱼炒饭如图 5.20 所示。

（1）原料

三文鱼 150 克，盐、胡椒适量，沙拉酱 1～2 匙，香草少许，橙子 1 个，蘑菇 3 粒，蛋 1 粒，橄榄油、蒜米少许，白饭 1 碗。

（2）制作

1）将解冻好的三文鱼平均涂抹上少许盐、胡椒粉、香草，腌制 20 分钟。

2）平底锅放入少许橄榄油，以中火煎各面 2～3 分钟，煎至外皮酥脆即可。

图 5.20　香煎三文鱼炒饭

3）沙拉酱两匙，加入少许香草及一些橙汁混合搅拌均匀。

4）炒饭，橄榄油爆香蒜米、蘑菇、盐，再加入白饭后炒均匀，再利用筛子将蛋液筛入炒饭里，快速翻炒即可盛盘。

第四节　西餐热菜调味汁训练

一、意大利番茄汁

（1）配料

黄油 60 克，洋葱 100 克，胡萝卜 60 克，番茄 400 克，番茄膏 200 克，胡椒 1 克，白糖 15 克，紫苏 2 克，蒜 60 克，橄榄油 20 克，鸡汤 1.5 升。

（2）训练

1）胡萝卜洗净，切重约 5 克的滚刀块；洋葱切薄片；番茄一分为四。

2）锅内放入橄榄油，烧至六成热时放入洋葱片、胡萝卜块、蒜小火煸炒出香，入番茄膏小火煸炒 1 分钟，入鸡汤、番茄、黄油、白糖、胡椒、紫苏大火烧开，改小火煮 20 分钟，取出倒入搅拌机内搅碎即可。

二、西式酸辣汁

（1）配料

香茅 100 克，南姜 30 克，泰椒 40 克，香叶 10 克，白糖 50 克，泰国鱼露 30 克，青柠檬 40 克，香菜 30 克，蒜 20 克，矿泉水 350 毫升。

（2）训练

将香茅、南姜、泰椒、香叶、青柠檬、香菜、蒜放入搅拌机内搅碎，用白糖、泰国鱼露、矿泉水调味。

三、法国沙拉酱

（1）配料

洋葱末 120 克，色拉油 1 升，白醋 350 毫升，番茄酱 600 毫升，白糖 120 克，生鸡蛋黄 2 个，蒜末 2 克，法芥 20 克。

（2）训练

鸡蛋黄、色拉油混合打匀，放入其他原料混合均匀即可。

四、意大利汁

（1）配料

黑醋 160 克，红酒醋 160 克，香菜末 10 克，橄榄油 160 克，盐 10 克，松子仁 10 克。

（2）训练

1）黑醋、红酒醋混合后用小火收汁约 0.5 小时。

2）加入橄榄油、盐、松子仁、香菜末打匀调味即可。

五、西式紫苏油汁

（1）配料

紫苏 100 克，橄榄油 20 克，盐 5 克。

（2）训练

原料放入搅拌机内搅碎，取出过滤留汁。

六、西式松子酱

（1）配料

烤香的松子仁 80 克，紫苏 40 克，橄榄油 10 克，盐 5 克，帕玛森芝士 10 克，蒜 20 克。

（2）训练

依次按照松子仁、橄榄油、紫苏、蒜、盐、帕玛森芝士的顺序放入搅拌机内打匀即可。

七、西式面包酱

（1）配料

大番茄 20 克，青圆椒 1 个，青水榄 1/2 瓶，黑水榄 1/2 瓶，蜂蜜 100 克，盐 30 克，白糖 15 克，辣椒仔 10 克，橄榄油 300 克，洋葱 20 克。

（2）训练

1）番茄入沸水中大火余半分钟，捞出去皮切小粒。

2）青圆椒、青水榄、黑水榄、洋葱切小粒。

3）将所有原料调匀即可。

八、西式荷兰汁

（1）配料

鸡蛋黄 2 个，白醋 10 克，黄油 80 克，香菜末 0.5 克，香叶 10 克，他力根（一种干制的香料）10 克，香菜根 10 克。

（2）训练

1）将蛋黄和白醋打均匀。

2）加入黄油、香菜末、香叶、他力根、香菜根一起打匀即可。

九、西式水果酱

（1）配料

黄桃 100 克，橄榄油 15 克，盐 5 克，白糖 2 克。

（2）训练

黄桃、橄榄油、盐、白糖放入搅拌机搅打均匀即可。

十、西式红酒汁

（1）配料

鸡架子 4 千克，洋葱 300～400 克，红酒 1.25 毫升，胡萝卜、西芹各 100 克，橄榄油 5 克。

（2）训练

1）锅内放入橄榄油，烧至七成热时放入洋葱、胡萝卜、西芹炒香加入鸡架子、清水 10 千克大火烧开，改小火熬 2 小时离火。

2）过滤熬好的汤冷却，加入红酒调味即可。

第五节　西餐热菜训练与考核

一、西餐热菜训练

在学习完上面的内容，请对以下菜品进行制作训练。

1. 禽类

红酒鹅肝（braised goose liver in red wine）、奶酪火腿鸡排（chicken cordon bleu）、红酒烩鸡（braised chicken with red wine）、烤鸡胸酿奶酪蘑菇馅（baked chicken breast stuffed with mushrooms and cheese）、炸培根鸡肉卷（deep-fried chicken and bacon rolls）、鸡胸配意式香醋汁（poached chicken breast with balsamico sauce）、烤火鸡

配红浆果少司（roast turkey with cranberry sauce）、烧烤鸡腿（barbecued chicken leg）、烤柠檬鸡腿配炸薯条（roasted lemon marinade chicken leg with french fries）、扒鸡胸（char-grilled chicken breast）、咖喱鸡（chicken curry）。

2. 牛肉类

红烩牛肉（stewed beef）、白烩小牛肉（fricasseed veal）、牛里脊扒配黑椒少司（grilled beef tenderloin with black pepper sauce）、西冷牛排配红酒少司（roast beef sirloin steak with red wine sauce）、骨牛扒（t-bone steak）、烤牛肉（roast beef）、青椒汁牛柳（beef tenderloin steak with green peppercorn sauce）、铁板西冷牛扒（sizzling sirloin steak）、咖喱牛肉（beef curry）、俄式牛柳丝（beef stroganoff）。

3. 猪肉类

炸猪排（deep-fried pork chop）、烧烤排骨（barbecued spare ribs）、烟熏蜜汁肋排（smoked spare ribs with honey）、意大利米兰猪排（pork piccatta）、瓤馅猪肉卷配黄桃汁（stuffed poke roulade with yellow peach sauce）、煎面包肠香草汁（pan-fried swiss meat loaf with pesto sauce）。

4. 羊肉类

扒羊排（grilled lamb chop）、扒新西兰羊排（grilled New Zealand lamb chop）、烤羊排配奶酪和红酒汁（roast lamb chop with cheese and red wine sauce）、羊肉串（lamb kebabs）、烤羊腿（roasted mutton leg）。

5. 鱼和海鲜类

海鲜串（seafood kebabs）、扒金枪鱼（grilled tuna steak）、扒挪威三文鱼排（grilled Norwegian salmon fillet）、煎比目鱼（pan-fried whole sole）、煎红加吉鱼排（grilled red snapper fillet）、黄油柠檬汁扒鱼柳（grilled fish fillet in lemon butter sauce）、扒大虾（grille king prawns）、蒜茸大虾（grilled king prawns with garlic herb butter）、巴黎黄油烤龙虾（baked lobster with garlic butter）、香炸西班牙鱿鱼圈（deep-fried Squid rings）、荷兰汁青口贝（gratinated mussels Hollandaise sauce）。

6. 蛋类

火腿煎蛋（fried eggs with ham）、洛林乳蛋饼（quiche lorraine）。

二、西餐热菜考核项目

1. 切丝

切丝考核表如表5.1所示。

表 5.1　切丝考核表

质量标准	分项分	扣分	得分
标准重量（200 克）	20		
标准时间（3 分钟）	30		
粗细均匀（粗不超过 0.12 厘米）	20		
长短一致（长度为 6 厘米）	10		
无连刀	10		
操作规范与卫生	10		
合计	100		

2. 切片

切片考核表如表 5.2 所示。

表 5.2　切片考核表

质量标准	分项分	扣分	得分
标准重量（200 克）	20		
标准时间（2 分钟）	10		
厚薄均匀	30		
无连刀	20		
形状美观完整	10		
操作规范与卫生	10		
合计	100		

3. 出鱼肉

出鱼肉考核表如表 5.3 所示。

表 5.3　出鱼肉考核表

考核内容标准	规定分	扣分	得分
规定时间（5 分钟）	10		
刀法正确	20		
骨肉分离清晰	20		
肉型完整	10		
肚档完整	10		
出肉率高	20		
安全卫生	10		
合计	100		

4. 剔鸡肉

剔鸡肉考核表如表 5.4 所示。

表 5.4　剔鸡肉考核表

考核内容标准	规定分	扣分	得分
规定时间（5分钟）	20		
骨不带肉	20		
手法熟练	20		
肉型完整	20		
操作规范	10		
安全卫生	10		
合计	100		

5. 西餐菜肴

西餐菜肴考核表（按照国家技能考核标准进行）如表 5.5 所示。

表 5.5　西餐菜肴考核表

项目	规定时间	选料投料正确	刀工成形均匀	腌制处理恰当	火候掌握准确	口味标准	色泽正确	汤汁适宜	操作科学	节约卫生	配料合理	造型美观	合　计
规定分	10	5	10	5	10	10	5	10	10	5	10	10	100
扣分													
得分													

课外知识

西餐套餐设计制作实例

一、情人节套餐

——A 餐

酒水：　　　　　浪漫醉人（干红葡萄酒 1 杯）

头盆：　　　　　田园之恋　　　火龙果沙律

汤：　　　　　　柔情蜜意　　　牛尾浓汤

主菜：　　　　　白酒汁让圆贝拼百灵菇（白酒汁）

甜品：　　　　　美酒樱桃煮雪糕

——B 餐

酒水：　　　　　浪漫醉人（干红葡萄酒 1 杯）

头盆：　　　　　鲜果沙律

汤：　　　　　　菠菜海鲜汤

主食：　　　　　大虾拼鲍鱼菇（鲍鱼汁）

甜品：　　　　　美酒樱桃煮雪糕

——C 餐

酒水：　　　　　浪漫醉人（干红葡萄酒 2 杯）

头盆：　　　　　田园沙律

汤：　　　　　　牛尾浓汤

主食：　　　　　虾拼百灵菇（奶油汁）爱心鱼扒拼鲍鱼菇

甜品：　　　　　　　美酒樱桃煮雪糕

　——D 餐（情侣晚餐）

冷头盘：　　　　　　帕尔玛火腿配时令瓜果和苹果

　　　　　　　　　　芹菜沙拉　　　血橙汁

汤：　　　　　　　　奶油芦笋汤　　法式洋葱汤

主食：　　　　　　　扒牛柳配小洋葱酱奶油 法香 扒南瓜

　　　　　　　　　　小番茄 野菌和苯酒汁

甜品：　　　　　　　浆果慕斯蛋糕＜赠送＞：红酒或香槟，红玫瑰及巧克力

二、平安夜烧烤自助餐

冷盘（cold dishes）

玫瑰牛月展、烟三文鱼、西式什肠、辣麻牛百叶、海鲜拼盘

(beef calf in soy sauce、smoking salmon、mixed sausage、OX stomach in chili、seafood platter)

沙拉（salad）

泰式辣牛肉沙拉、烧鸡肉火龙果沙拉、提子珍肝沙拉、日式青口螺沙拉、香草时蔬沙拉、意式直通粉沙拉、鲜虾苹果沙拉（配千岛汁、它打汁、油醋汁、文尼汁、法汁）

[beef salad in Thai style、roasted chicken & gragon fruit salad、grape & chicken liver salad、Japanese shell salad、seasonal vegetable with vanilla salad、macaroni in Italy style、fresh shrimp & apple salad (with thousand island dressing、tartar dressing、oil vinegar dressing、miracle whip dressing、French dressing)]

汤（soups）

罗宋汤、马赛鱼汤（配新鲜出炉面包及牛油、果酱）

[Russian brotsch、marseilles fish soup (with fresh bread、butter、jam)]

烧烤（BBQ）

串烧类 skewer BBQ

牛肉、羊肉、猪肉、热狗肠、蟹柳、大虾

(beef、mutton、pork hog dog sausage、crab meat、prawn)

炭烧类（charcoal BBQ）

带子、红衫鱼、巴浪鱼、泥猛鱼、玉米、茄子、豆腐干、青椒、红椒、地瓜、土豆、牛仔骨、西冷、生蚝、扇贝

(scallop、roasted red thread fish、balloon fish、mud fish、sweet corn、eggplant、dry bean curd、green pepper、red pepper、sweet potato、potato、beef spare ribs、sirloin、oyster、scallop)

热盘（hot dish）

烧牛扒干邑汁、栗子黄桃烩猪柳、椒盐排骨、白灼基围虾、烟肉什菌炒直通粉、上汤浸时蔬、西班牙海鲜饭、文也龙利柳

(roasted OX-steak in cognac、stewed pork with chestnut and plum、deep-fried spare-ribs in salty chilli、poached prawn、sauted macaroni with bacon & mixed mush-room、sauteed vegetable in supreme、fried rice with seafood in spanish style、filled of sole meuniere)

肉车档（flesh）

烧原只乳猪、烤牛腿（配乳猪汁、黑椒汁）

〔Roasted whole sucking pig、Roasted beef leg（with sucking pig sauce、black bean sauce）〕

炒档（fried food）

海鱼片、海白螺、三点蟹、小墨鱼、青口螺

（sliced sea fish、sea white conch、crab、cuttlefish、mussel）

白灼档、粉、面类、青菜类（poached/rive noodle/noodle/vegetable）

河粉、米粉、公仔面、海南粉

（rice noodle、vermicelli、noodle、Hainan vermicelli）

菠菜、油麦菜、本地生菜、小瑭菜

（spinach、cole、local lettuce、vegetable）

甜品（dessert）

圣诞布甸、巧克力球、鲜果派、芝士蛋糕、黑森林饼、林德塔

（christmas pudding、chocolate ball、fruit pie、cheese cake、black forest cake、LinDe tart）

水果（fruit）

海南热带水果盘及水果山

（HaiNan tropical fruit）

第六节　西餐热菜实训——华道夫沙拉

一、实训目标

通过学习制作华道夫沙拉，掌握其原料配比、制作过程和操作要点，熟知华道夫沙拉的成品特点和应用范围，同时逐渐了解并最终掌握沙拉类菜肴的一般工艺规律。

二、实训要求

1）实训课前，认真复习老师示范讲解流程与要点。
2）实训前按企业职业要求着装。
3）根据实训品种原料调料配比，能按工艺流程要求完成蔬菜沙拉制作。
4）华道夫沙拉制作的色泽、口味等符合标准。
5）实训中能按实训厨房卫生要求、食品卫生要求实训。
6）每两人一组轮流实训。

三、实训流程

工具卫生检查—学生制作菜品—老师指导学生—清理实训场地—填写实训报告—菜

品评分—学生分组讨论—老师总结讲评。

四、实训准备

1）工作服准备：实训服、围裙、帽子、毛巾。

2）工具设备准备：瓷碗、分刀、砧板、沙拉盘。

3）原料调料准备：红苹果 1800 克，西芹 450 克，核桃仁 80 克，葡萄干 20 克，生菜叶 25 片，淡奶油 50 毫升，蛋黄酱 300 毫升。

五、操作步骤

第一步：核桃仁切成小块后，放进热锅中干烤，需 10 分钟等到变干又有香味时，关火放凉。葡萄干放在杯子里，加入少许开水浸泡 10 分钟之后再把开水倒掉，把葡萄干的水分挤干。

第二步：准备好蛋黄酱，将蛋黄酱放入碗中放入打好淡奶油混合均匀，冷藏备用，苹果去核切成 1 厘米的块状，放入柠檬水中浸泡（以防变色），西芹切块（小于苹果块），西芹和苹果加进去，搅拌均匀。

第三步：盘子上放上生菜叶，在放上拌好的沙拉，放上葡萄干装饰即可。

六、成品特点

营养素高、口味咸酸、色泽浅黄，如图 5.21 所示。

图 5.21　华道夫沙拉

七、操作要点

1）原料水分要沥干，使装盘原料形态不塌陷。

2）除了核桃外，全部的食材都要冰冰凉凉的才美味。

3）葡萄干一定要用开水浸泡，浸泡后，葡萄干变得没那么甜，口感也更好。

八、拓展空间

1）生菜：又名叶用莴苣，原产于地中海沿岸，是莴苣的变种，生菜的品种很多，按其叶子形状可分为长叶生菜、皱叶生菜、结球生菜 3 种。

2）长叶生菜又称散叶生菜，叶片狭长，一般不结球，有的心叶卷呈筒形。常见的品种有波士顿生菜、登峰生菜等。

3）皱叶生菜又称玻璃生菜，叶面皱缩，叶片深裂，皱叶生菜按其叶色又可分为绿叶皱叶生菜和紫叶皱叶生菜。常见的品种有奶油生菜、红叶生菜、广东软尾生菜等。

4）结球生菜俗称西生菜、团生菜，顶生叶形成叶球，叶球呈球形或扁圆形等。常见的品种有皇帝生菜、恺撒生菜、萨林纳斯生菜等。

九、考核标准

考核标准如表 5.6 所示。

表 5.6　考核要点

考核要点	分值
清脆爽口	25
色泽美观	25
成品形态不塌陷	25
要求 25 分钟内完成	25

十、思考题

1）制作华道夫沙拉的操作要点和应注意的事项有哪些？

2）华道夫沙拉的成品特点是什么？

第七节　岗前训练
——以豪享来餐饮有限公司为例

 岗前训练菜　龙利鱼排

图 5.22　龙利鱼排

龙利鱼排如图 5.22 所示。

龙利鱼排训练技巧：

净龙利鱼柳 500 克，香菜、生姜片、小葱各 15 克，罗勒叶 3 片，美极鲜 5 克，台湾金兰酱油 4 克，生粉 6 克。20～38℃白酒 10 克，水适量，以上混合腌制 30 分钟即可煎制或烤制。

煎制好后可根据各自喜好添加各种酱料，如蘑菇酱、黑椒酱、咖喱酱等。

 岗前训练菜　墨鱼排

墨鱼排如图 5.23 所示。

墨鱼排训练技巧：

净汕头大墨鱼（俗名也叫花雕）500 克，白酒 2 克，香葱、姜片各 5 克，迷迭香少量，虾酱 2 克，精盐 3 克，水适量，把墨鱼切成三四份，在肚子的一面开花刀，把以上各种原料合一起拌好，腌制 2 小时即可煎或烤制。

墨鱼排煎烤时间稍比牛排时间长，温度用 220℃火候即可。

图 5.23　墨鱼排

岗前训练菜 雪花牛排

雪花牛排如图 5.24 所示。

雪花牛排训练技巧：

净雪花牛肉 500 克，酱油 12 克，橄榄油 5 克，美极鲜 3 克，水适量，披萨草、迷迭香适量和雪花牛肉合拌匀腌制 30 分钟即可煎或烤制，吃时可根据口味蘸各种酱吃，但建议尽量保持原味。

图 5.24 雪花牛排

 岗前训练菜 牛排熟度质量标准训练

制作前提要求：牛排厚度要切成 1.2 厘米；扒炉或铁板温度要达到 260℃。

1）1～2 成熟训练标准：90％的肉是生的，肉呈红色，如图 5.25 所示。

1～2 成熟训练用时：30 秒，放下去煎 10 秒后再翻转煎 10 秒即可。

2）3～4 成熟训练标准：中间的肉是红色和略带粉红色混合状，如图 5.26 所示。

3～4 成熟训练用时：40 秒。

图 5.25 1～2 成熟牛排

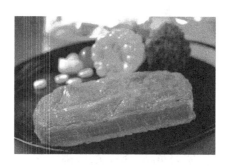

图 5.26 3～4 成熟牛排

图 5.27 5～6 成熟牛排

3）5～6 成熟训练标准：中间的肉是呈粉红色，如图 5.27 所示。

5～6 成熟训练用时：50 秒。

4）7～8 成熟训练标准：中间的肉是粉红色和茶色的混合状，如图 5.28 所示。

7～8 成熟训练用时：60 秒。

5）9～10 成熟训练标准：中间的肉是呈茶色，如图 5.29 所示。

9～10 成熟训练用时：1 分 30 秒。

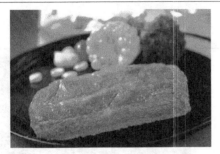

图 5.28　7～8 成熟牛排

图 5.29　9～10 成熟牛排

技术要求：用炭火、电炉、烤箱等方式烤制，时间温度等要求基本相同，但各种办法制作出来的牛排风味都有各的风味的。

第八节　西餐酒店实习菜品训练
——以天津起士林大酒店为例

 实习菜品　起士林土豆沙拉

图 5.30　起士林土豆沙拉

起士林土豆沙拉如图 5.30 所示。

实习训练步骤如下。

第一步：土豆煮熟去皮切碎，并准备熟蛋碎、黄瓜、青豆等。

第二步：加蛋黄酱、鲜奶油、牛奶、盐、糖等拌匀。

第三步：配腌红菜头、酸黄瓜，用蛋黄酱等装饰。

 实习菜品　德式酸樱桃冷汤

德式酸樱桃冷汤如图 5.31 所示。

实习训练步骤如下。

第一步：选用色好、果子大、酸性大的樱桃，去核。

第二步：加入波特甜红酒柠檬酸奶煮至果烂浓稠。

第三步：放凉用打碎机打至细稠调味。

第四步：用樱桃、冰块、奶油、鲜薄荷装饰。

图 5.31　德式酸樱桃冷汤

实习菜品　奶油鱼饼配青口蚌葡萄干汁

奶油鱼饼配青口蚌葡萄干汁如图5.32所示。

实习训练步骤如下。

第一步：龙俐鱼肉虾肉加奶油蛋清、芝士、白酒等绞细。

第二步：入模具烤熟。

第三步：青口蚌加洋葱碎菠萝芝士碎柠汁焗至嫩熟。

第四步：葡萄干、鱼汤烧汁红酒等做成葡萄干浓汁。

第五步：用鱼肉饼、青口蚌、蔬菜、柠檬汁装饰。

图5.32　奶油鱼饼配青口蚌葡萄干汁

 实习菜品　起士林啤酒猪肘

图5.33　起士林啤酒猪肘

起士林啤酒猪肘如图5.33所示。

实习训练步骤如下。

第一步：咸猪肘加入香草、啤酒腌泡过夜。

第二步：慢火煮至酥烂入味。

第三步：蜂蜜与香醋及酒制成浓浓的厚汁。

第四步：配芥末、德国酸菜、土豆泥及汁。

 实习菜品　德式牛扒配奶油洋葱汁

德式牛扒配奶油洋葱汁如图5.34所示。

实习训练步骤如下。

第一步：牛柳、香草蔬菜腌制30分钟，扒至所需程度。

第二步：洋葱、黄油、奶油、白酒等做成奶油葱汁。

第三步：用德国炒薯、紫椰菜酸黄瓜和奶油葱汁装饰。

图5.34　德式牛扒配奶油洋葱汁

实习菜品　德国苹果冷酸鱼

图 5.35　德国苹果冷酸鱼

德国苹果冷酸鱼如图 5.35 所示。

实习训练步骤如下。

第一步：在新鲜海鱼柳中放莳萝啤酒、清胡椒盐入味。

第二步：扒至上色软嫩。

第三步：用鲜奶、油、牛奶、蛋黄酱、鲜苹果汁、腌洋葱等调汁。

第四步：将鱼肉浸泡于汁中吸足汁，配苹果甜瓜装饰。

实习菜品　俄罗斯沙拉

俄罗斯沙拉如图 5.36 所示。

实习训练步骤如下。

第一步：煮小牛肉放香草辣椒，熟后切丁。

第二步：煮熟土豆、鸡蛋及酸黄瓜切丁。

第三步：蛋黄酱、辣根酱、李派林、胡椒等拌匀。

第四步：沙拉配咸马哈鱼时蔬装饰。

图 5.36　俄罗斯沙拉

实习菜品　蔬菜烤目鱼

图 5.37　蔬菜烤目鱼

蔬菜烤目鱼如图 5.37 所示。

实习训练步骤如下。

第一步：3 斤鲜目鱼用盐胡椒、白酒、柠汁腌制 40 分。

第二步：蔬菜丁用黄油橄榄油、香草炒至八成熟调味。

第三步：将青菜铺在目鱼上，放至 190℃的焗炉里，40 分钟后取出即可。

第四步：用土豆、胡萝卜、橄榄、西红柿柠片、鲜香草装饰。

实习菜品　红菜汤

红菜汤如图 5.38 所示。

实习训练步骤如下。

第一步：红菜头、洋葱头切丝。

第二步：将盐、糖、番茄酱等用牛油文火烧焖至菜软油红。

第三步：将西红柿等放入焖好的红菜头中再放鸡汤。

第四步：小火炖半小时至菜软、汤浓、色红调味。

第五步：上汤配酸奶油、大列吧。

图 5.38　红菜汤

 实习菜品　煎鹅肝配焦糖苹果红酒梨汁

图 5.39　煎鹅肝配焦糖苹果红酒梨汁

煎鹅肝配焦糖苹果红酒梨汁如图 5.39 所示。

实习训练步骤如下。

第一步：将鹅肝煎至嫩熟。

第二步：苹果环加蜂蜜、白兰地烤至焦香。

第三步：蜂蜜加红酒、梨汁烧至浓稠。

第四步：鹅肝浇红酒汁配焦糖、苹果装饰。

 实习菜品　焗小牛肉香菌芝士

焗小牛肉香菌芝士如图 5.40 所示。

实习训练步骤如下。

第一步：小牛外肌 300 克两篇，煎至三成熟待用。

第二步：洋葱丝炒白菌加白兰地调味。

第三步：炒好的白菌加入两片外肌之中面撮芝士。

第四步：在 220℃的火炉中将芝士焗上色，外肌至十成熟。

图 5.40　焗小牛肉香菌芝士

第五步：用红酒、蘑菇汁、土豆泥、蘑菇、芦笋装饰。

实习菜品　德式酸牛肉配土豆面包

德式酸牛肉配土豆面包如图 5.41 所示。

图 5.41　德式酸牛肉配土豆面包

实习训练步骤如下。

第一步：牛颈肉加蔬菜、香料、黑醋等腌制 24 小时。

第二步：腌好的牛肉放盐、胡椒煎上色，用腌汁焖熟。

第三步：做土豆面包，生土豆成茸做成小的球。

第四步：将洋葱炒培根馅放入土豆面团中沸水煮熟。

第四步：焖牛肉原汁过滤，加黄油炒面粉，做成汁调味。

第五步：焖牛肉切厚片浇酸奶油汁。

第六步：用土豆面包及蔬菜装饰。

 实习菜品　俄罗斯黄油大虾卷

俄罗斯黄油大虾卷如图 5.42 所示。

实习训练步骤如下。

第一步：大虾 4 只去皮、去沙线、留尾。

第二步：两只虾一组剁成长圆形放盐调味。

第三步：黄油做成两个橄榄形放虾中，从虾一端卷黄油成橄榄卷形状。

第四步：虾卷粘面粉、蛋液、面包糠，二次形状要好。

第五步：在 80℃炸炉中炸"黄油虾卷"至熟上色。

第六步：用炸土豆、酸瓜、红菜头装饰。

图 5.42　俄罗斯黄油大虾卷

第六章 西餐冷菜制作与训练

学习目标：通过本课程学习，使学生了解西餐冷菜的概况、特点、制作要求等相关知识，初步具备制作合格产品的工作能力，具备注重卫生、注重营养，在生产流程中善于沟通和合作的品质，为培养上岗就业所必需的职业能力奠定基础；能制作冷调味汁，冷、热开胃菜，掌握冷菜原料的质感；能成形、装饰冷菜，能搭配冷菜的色彩，能运用相关的理论知识指导操作实践。

学生就业岗位：大中型酒店、宾馆的西餐制作一线技术管理岗位、大中型高级西餐厅经营管理工作岗位、西式配餐公司的营养与配餐技术和管理工作岗位、食品企业的加工及管理工作岗位、大中专、职高和技校相关专业的教学和培训工作岗位。

第一节 西餐冷菜工作岗位认识

一、任职资格

1) 身体健康，精力充沛，会做各种西点。
2) 具有强烈的责任心，勇于开拓和创新，作风干练。
3) 拥有较高的烹饪技术，了解和熟悉食品材料的产地、规格、质量、一般进货价。
4) 拥有一定的成本控制管理、食品营养学、厨房的设备知识基础。

二、岗位职责

1) 负责处理厨房的运作及行政事务。
2) 执行餐饮经理下达的各项工作任务和工作指示。
3) 负责制订厨房的各种工作计划。
4) 对厨房的出品、质量和食品成本承担重要的责任。
5) 保持对厨房范围的巡视，对下属员工进行督导，帮助下属提高工作能力。
6) 使所有食品始终符合标准食谱规定的数量或分量，合理地控制食品成本。
7) 妥善处理客人对出品的投诉。
8) 检查厨房所属各岗位员工的操作规范。
9) 保持对员工队伍特别是厨师以上厨房员工的教育和培训，使之不断提高。

三、冷盘操作注意事项

1) 各种生菜鲜果必须严格清洗消毒，保证卫生，制作原料必须严格分别收藏，防止污染。

2）开罐的食品储存必须改盛非金属的盛器，有特殊气味的食品必须分档保存。

3）调制各色冷菜的沙司，做到用多少调制多少，沙司应加盖存放于 1～5℃ 的冰箱中。

4）使用熔点较低的植物油，以免油脂凝结，影响质量。

第二节　西餐冷菜间工作流程

一、餐前准备

上午 9:30 按时到岗，接受厨师长和领班厨师的任务分配；认真核对上午订单，检查原料及调味料是否满足订单所需及品质是否存在变质等影响正常开档的问题；如有发现影响正常开档的问题及时向上级领导汇报，并协助解决；认真执行餐前消毒工作，检查常用器具是否卫生合格。下午 4:20 按时到岗，认真核对下午订单，并做好调味料的增补工作；及时处理临时来单，及时向领班厨师及领导汇报，在最短时间内做好临时来单的准备工作。

二、开档工作

（1）按订单时间及量来做好开档工作

1）严格执行避免浪费原则，按订单的多与少来准备原料，合理利用。

2）按订单规格及领班厨师的合理安排来制作菜肴。

3）遵循按时按量保质原则来制作每道菜肴。

4）设计每道菜肴的围边造型。按用餐规格和菜品档次，遵循领班厨师的思路来合理制作。

5）上菜之前，保证每道菜品无污染，符号食品健康安全标准。

（2）保证食品的食用安全

1）严格按照食品的食用要求来检查原料的品质安全。

2）做好砧板的消毒（如酒精、消毒液）工作，生熟分开来切配。

3）蔬菜清洗净后按一定比例用清盐水浸泡数分钟，避免农药残留，起到杀菌消毒的效果。

4）不知属性的原料不制作，发现问题及时回报。

5）做好留样工作，不弄虚作假，如实留样。

（3）服从并尽力来完成顾客及领班厨师对工作的要求

1）以满足顾客所需为荣，总结结合实际情况，善于开拓思路，根据气节变化来分析顾客需求。根据时间、地点及顾客不同的需求来尽最大能力满足。

2）根据领班厨师和领导提出的要求，尽力及时去完成，去改正。上班时间一切以领导为核心，保证各项工作有序地进行。

三、收档工作

1）彻底打扫，全面地对待每一个死角上的卫生；做好砧板、刀、毛巾、用具等的消毒工作。

2）及时开启紫光灯。关好煤气、水、电，锁好门窗及冰箱上的锁。

3）将本天垃圾在规定时间内送到垃圾房，倒完垃圾后及时清洗垃圾桶，套上专用垃圾袋。

4）检查各种原料现在状况，碰到需要处理的，及时向上级领导汇报，避免不必要的浪费。

5）为早晨厨师按订单来配备好早餐用餐原料，做到生熟分开，不混放，不乱发。

第三节　西餐冷菜制作工艺技法

开胃菜冷盘无论是在正规的宴席上还是在家庭便宴中，总是与客人首先见面的首道菜式，素有"脸面"之称，因此冷盘也常被人们称为"迎宾菜"，可谓宴席的"序曲"。冷盘的美丑程度直接影响着人们的赴宴情绪，关系着整个宴席程序进展的质量效果，起着"先声夺人"的作用。良好的开端等于成功了一半。如果开胃菜能让赴宴者在视觉上、味觉上和心理上都感到愉悦，会获得美的享受，使宾主兴致勃发、促进宾主之间感情交流及宴会高潮的形成，为整个宴会奠定良好的基础。

开胃菜（appetizer）也称开胃品、头盘、头盆或餐前小食品，品种丰富，包括各种分量小的冷开胃菜、热开胃菜等。开胃菜是西餐的第一道菜。西餐中，开胃菜的主要目的是达到开胃和提高食欲的作用，因此西餐开胃菜的特点十分明显，一般要求数量少、味道清新、色泽和造型美观，以酸味和咸鲜味为主。

一、色拉类冷开胃菜

色拉是英语"salad"的译音，我国北方习惯译作"沙拉"，上海译作"色拉"，广东、香港则译作"沙律"。如果将其意译为汉语，指的就是凉拌菜。色拉是用各种凉透了的熟料或是可以直接食用的生料加工成较小的形状后，再加入调味品或浇上各种冷沙司或冷调味汁拌制而成的。色拉大都具有色泽鲜艳、外形美观、鲜嫩爽口、解腻开胃的特点。

色拉虽然是流行于世界各地的开胃菜，不过其配酱在不同的地方却各不相同。在美国，色拉的配酱相对比较丰富，而且使用较为普遍；在西欧，传统的欧洲人更喜欢使用一种叫作"vinaigrette"的传统浓香色拉酱，是用多种香料和醋制成的；而以俄罗斯为代表的东欧国家，则偏爱于食用蛋黄酱（mayonnaise）。在我国，沙拉酱的使用受到东欧的影响比较大，通常食用蛋黄酱或者基于蛋黄酱二次加工的专门的沙拉酱。

开胃沙拉能够起到刺激胃口的作用，所以必须有鲜嫩的配料、味道十足的沙拉酱汁和十分诱人的外形。

西餐冷餐师应具备以下制作色拉类冷开胃菜的能力：①能制作色拉类冷开胃菜并且要掌握制作要点；②了解色拉类冷开胃菜的色、香、味、形及质量要求。

 色拉类冷开胃菜训练　蔬菜沙拉

蔬菜沙拉如图6.1所示。

图6.1　蔬菜沙拉

（1）原料

玻璃生菜2片，紫边生菜1棵，花叶生菜1棵，番茄1/2个，黄瓜1/2根，青椒1/2个，红彩椒1/4个，黄彩椒1/4个，洋葱1/4个，油醋汁15毫升。

（2）制作

1）将生菜洗净，控干水分，撕成小片，黄瓜洗净去皮切片，番茄洗净切角。

2）洋葱洗净去皮切成圈，青椒、红彩椒、黄彩椒洗净，去蒂去子切成圈。

3）将生菜放入盘中，再放入其他蔬菜。

4）浇上油醋汁或蛋黄酱即可。

蔬菜沙拉是一种非常营养健康的饮食方法。首先，不加热会保持住蔬菜中的各种营养不致被破坏或流失。其次，蔬菜沙拉大多选择3种以上的蔬菜同食，在营养上也会起到很好的互补作用。其减肥、美容、养颜的作用十分明显。

 色拉类冷开胃菜训练　水果沙拉

水果沙拉如图6.2所示。

（1）原料

火龙果150克，菠萝200克，橙子100克，草莓150克，香蕉100克，橘汁300克。

（2）制作

1）将火龙果、鲜菠萝、香橙、草莓、香蕉洗净。

2）将上述水果切成大小一致、均匀的小丁，用鲜橙汁搅拌均匀即可。

图6.2　水果沙拉

水果沙拉是一种非常营养健康的饮食方法。橙子中富含维生素C、钾、维生素和β胡萝卜素，香蕉富含钾、维生素B6，是一种天然的免疫强化剂，草莓的维生素C含量丰富。

色拉类冷开胃菜训练　烟熏鸡胸松仁沙拉

烟熏鸡胸松仁沙拉如图6.3所示。

（1）原料

鸡胸肉50克，盐3克，鸡粉1克，日本酱油20毫升，洋葱20克，红糖3克，烟熏液2毫升，松仁8克，腰果2粒，彩色西葫芦片22克，黄油蒜茸焗法包2片，紫生菜4克，橄榄油2毫升。

（2）制作

1）选优质的鸡胸肉，自然解冻，提出多余的鸡油及鸡筋后修正成型待用。

2）鸡胸肉添加日本酱油、盐、鸡粉、洋葱丝、红糖和烟熏液搅拌均匀腌制4小时待用。

3）扒板升温到180～200℃，煎熟腌制好的鸡胸肉，取锅加糖烟熏2秒，切片待用。

图6.3　鸡胸松仁沙拉

4）条纹扒板升温150～180℃，放彩色西葫芦片烤熟待用。

5）取不粘锅加黄油炒熟松仁和腰果，炒金黄色，紫生菜和橄榄油搅拌均匀待用。

6）将烟熏鸡胸肉装盘，配上松仁，用黄油蒜茸焗法包和紫菜装饰。

 色拉类冷开胃菜训练　海鲜沙拉

图6.4　海鲜沙拉

海鲜沙拉如图6.4所示。

（1）原料

小龙虾1只，三文鱼肉50克，鲜鱿50克，蟹肉50克，海虹50克，洋葱20克，彩椒20克，黑橄榄10克，青橄榄10克，柠檬1个，鲜紫苏叶少许，盐3克，胡椒粉3克，白兰地10毫升，意大利红酒醋5毫升，辣椒仔2个，橄榄油5毫升。

（2）制作

1）将海鲜焯水加工成型，备用。

2）蔬菜切丁，黑橄榄切片备用。

3）将过程1）和2）的原料混合加入意大利红酒醋、辣椒仔、橄榄油、青橄榄碎，调准味。

4）装盘后用柠檬、鲜紫苏叶装饰即可。

二、胶胨类冷开胃菜

胶胨类冷开胃菜是西餐中较为普遍而又工艺复杂、富有特色的品种，一般是用动物胶或食用明胶把加工成熟的动植物原料制成透明的胨状类冷菜。西餐中的胶胨类冷开胃菜是指将从动物胶质中提炼出的结力或鱼胶，调制成胶胨汁，利用胶胨汁，将熟制的原料制成透明的、胶胨状的冷菜。西餐中常见的胶胨类冷开胃菜有胶胨汁、鹅肝冻、火腿冻等。

西餐冷餐师应具备以下制作胶胨类冷开胃菜的能力：①能制作胶胨类冷开胃菜，并且要掌握制作要点；②了解胶胨类冷开胃菜的色、香、味、形及质量要求。

 胶胨类冷开胃菜训练　胶胨汁

（1）原料

鱼胶粉或结力片 50 克，基础汤或清汤 500 毫升，蛋清 2 个。

（2）制法

1）将鱼胶粉或泡软的结力片放入清汤中，使其慢慢融化。

2）将蛋清略微打起，加入清汤中，搅匀。

3）小火加热，微沸，直至蛋清凝结变白，纱布过滤即可。

胶胨汁主要是利用鱼胶粉或结力片调制的，其调制方法基本相同。好的胶胨汁应清澈透明，无杂质。

 胶胨类冷开胃菜训练　鱼鳔冻

（1）原料

鱼胶（即明胶片），鱼鳔 1 斤，鸡蛋清 4 两，精盐、味精适量，胡椒五六粒，香叶三四片，洋葱 2 两，胡萝卜 2 两，清水 1 斤。

（2）制法

1）用凉水将鱼鳔泡软。洋葱、胡萝卜切片。

2）焖罐内放水、精盐、胡椒粒、香叶、洋葱和胡萝卜片，烧开。

3）鸡蛋清放在浅盘内打成泡沫糊，再投入鱼鳔和一些烧开的汤，待鱼鳔融化后，将汤全部倒入焖罐，用火烧开。

4）用多层纱布过滤、去渣，再加精盐、味精，调好口味，放凉即成。

鱼鳔胨透明、清凉，用于冻鱼、冻小猪等凉菜。如没有鱼鳔，可用猪皮煮胨代替。

如做甜胨，不用精盐、味精、洋葱和胡萝卜，可加适量的白糖和柠檬。

胶胨类冷开胃菜训练　鹅肝胨

（1）原料

鹅肝酱 1 千克，胶胨汁 250 毫升，黄油 100 克，奶油 200 毫升，熟胡萝卜片、熟蛋白、番芫荽叶、糖色适量。

（2）制法

1）鹅肝酱内加入软化的黄油和打起的奶油，搅拌均匀。

2）胶胨汁加入糖色，搅拌均匀，使其呈咖啡色。

3）将模具擦净，加入部分胶胨汁打底，放入冰箱内使其凝结。

4）在凝结的胶胨上用胡萝卜、蛋白、番芫荽叶等摆成装饰的小花，再倒上一层薄薄的胶胨汁，将小花浸没，再次放入冰箱使其凝结。

5）待胶胨汁凝结后，取出放入鹅肝酱压实，再倒入一层稍厚的胶胨汁，放入冰箱，使其凝结。

6）食用时，将模具在温水中稍烫，扣出即可。

开胃鹅肝胨呈咖啡色，鲜香细腻，通体透明。

 胶胨类冷开胃菜训练　火腿胨

（1）原料

火腿 500 克，豌豆 50 克，胡萝卜 50 克，番芫荽叶适量。

（2）制法

1）火腿切丁，胡萝卜去皮，切成小粒。

2）用盐水将豌豆、胡萝卜粒煮熟，晾凉。

3）将圆形小花模擦净，倒入部分胶胨汁打底，放入冰箱内，使其凝结。

4）胶胨凝结后，取出，放入火腿丁、胡萝卜粒、豌豆、番芫荽叶，再倒入胶胨汁，将模具注满。再次放入冰箱内，使其完全凝固。

5）食用时，将模具在温水中稍烫，扣出即可。

最终做完的火腿胨应该晶莹透明，色彩鲜艳，清凉爽口。

三、批类冷开胃菜

批是英文"pie"的译音。批是指各种用模具制成的冷菜，主要以各种熟制后的肉类、肝脏等，经过搅碎，放入奶油、白兰地、葡萄酒、香料和调味品搅拌成泥状，放入模具中冷藏后成型切成片，如鹅肝酱等。或各种生的肉类、肝脏经过搅碎，加入蔬菜丁或肝脏丁，调味后装入模具中放入烤箱中烤熟，冷藏后切片食用。熟制的海鲜、肉类，加入有颜色的蔬菜，再加入明胶、调味品，放入模具中冷藏凝固后切片。

批类开胃菜在原材料选择上范围很广，一般情况下，禽类、肉类、鱼虾类、蔬菜类及动物的肝，都可以制作。在制作过程中，由于考虑到热至冷吃的需要，往往要选择一些质地比较嫩的部位。批类开胃菜适用很广，既可以用于正规宴会，也可以用于小宴会和用于大型冷餐会、酒会。

西餐冷餐师应具备以下制作批类冷开胃菜的能力：①能制作批类冷开胃菜，并且掌握制作要点；②了解批类冷开胃菜的色、香、味、形及质量要求。

 批类冷开胃菜训练　鱼肉批

图 6.5　鱼肉批

鱼肉批如图 6.5 所示。

（1）原料

鱼 300 克，虾 200 克，鸡蛋 3 个，盐 2 克，胡椒粉 1 克，柠檬汁 5 克，淡奶油适量，香草少许。

（2）制作

1）将鱼肉、虾肉洗净控水备用。

2）放入搅拌机，加盐、胡椒粉、蛋清、柠檬汁、香草、淡奶油打成蓉。

3）将打好的蓉装入模具成型，把模具放入烤斗中加水烤熟（180℃）即可。张力制作。

 批类冷开胃菜训练　三文鱼菠菜批

三文鱼菠菜批如图 6.6 所示。

（1）原料

鲜三文鱼 300 克，淡奶油 30 毫升，菠菜 50 克，柠檬汁 5 毫升，鲜刁草碎 5 克，干白葡萄酒 50 毫升，鸡蛋清 50 克，黄瓜 50 克，黑橄榄 5 克，蜂蜜 5 克，大藏芥末 5 克，盐白胡椒粉适量。

（2）制作

1）将三文鱼打成鱼馅，加入淡奶油、干白葡萄酒、鲜刁草碎、柠檬汁、鸡蛋清、盐、胡椒粉搅拌均匀备用。

2）菠菜去梗和筋，用水焯熟后用凉水冲凉，挤干水分。

3）保鲜膜铺在桌子上，把鱼馅抹在上面，再铺上菠菜。用保鲜膜卷起后蒸 20 分钟后放凉。

图 6.6　三文鱼菠菜批

4）将蜂蜜、大藏芥末、干白葡萄酒、鲜刁草混合均匀。

5）鱼批切厚片配上煮熟的芦笋、黑橄榄、黄瓜片和柠檬片，淋上蜂蜜芥末汁即可。

四、流体类冷调味汁

流体是没有一定的形状和具有流动性的物质，流体类冷调味汁主要用于西餐各种类开胃菜肴中，流体类调味汁有香醋色拉调味汁、鸡肉沙拉调味汁、冷牛肉沙拉调味汁等。

西餐冷菜师应具备以下制作流体类冷调味汁的能力：①能制作流体类冷调味汁，掌握制作要点；②了解流体类冷调味汁的色香味形与质量要求；③了解流体类冷调味汁与冷菜的搭配。

 流体类冷调味汁训练　香醋色拉调味汁

香醋色拉调味汁如图 6.7 所示。

（1）原料

红葱头 1 只切末，新鲜百里香（fresh Thyme）4 毫升，第戎芥末（Dijon mustard）4 毫升，红酒醋 75 毫升，柠檬半只榨汁，橄榄油 200 毫升，特级初轧橄榄油 100 毫升。

图 6.7　香醋色拉调味汁

（2）制作

1）红葱头切末，百里香去茎切碎末。

2）把以上除橄榄油以外的材料混合均匀。

3）加入橄榄油并用打蛋器搅拌均匀至汁液略黏，静置 30 分钟以上即可。

 流体类冷调味汁训练　意大利油醋汁

意大利油醋汁如图 6.8 所示。

图 6.8　意大利油醋汁

（1）原料

芥末 15 克，青椒 25 克，红椒 15 克，洋葱 15 克，橄榄油 50 克，红葡萄酒 15 克，红酒醋 10 克，白酒醋 5 克，牛膝草 3 克，盐 3 克，胡椒 2 克。

（2）制作

把红葡萄酒在锅中小火熬至浓稠。将红椒、青椒、洋葱切成细粒。在碗中放入橄榄油、芥末，顺着一个方向慢慢搅匀，再加入红酒醋、白酒醋、浓缩红葡萄酒。最好加入切好的青椒、红椒、洋葱、牛膝草、盐、胡椒。

五、半流体类冷调味汁

半流体是介于固体和液体之间的物质，半流体类冷调味汁主要用于西餐各种类开胃菜肴中。半流体类调味汁有马乃司、荷兰蛋黄酱、千岛汁、香草美乃滋等。

西餐冷餐师应具备以下制作半流体类冷调味汁的能力：①能制作半流体类冷调味汁，掌握制作要点；②了解半流体类冷调味汁的色、香、味、形与质量要求；③了解半流体类冷调味汁与冷菜的搭配。

 半流体类冷调味汁训练　马乃司

图 6.9　马乃司

马乃司如图 6.9 所示。

（1）原料

鸡蛋黄 2 个，沙拉油 500 克，法式芥末酱 2 茶匙，白醋 20 克，柠檬汁 60 克，冷清汤 50 克，精盐 15 克，胡椒粉少许。

（2）制法

1）将蛋黄放在陶瓷器皿中，再放入精盐、胡椒粉和法式芥末酱 2 茶匙。

2）用蛋抽将蛋黄搅匀，然后逐步加入部分沙拉油，并用蛋抽不停地搅拌，使蛋黄与油融为一体。

3）当搅至黏度增大、手感吃力时，加入白醋和冷清汤，这时黏度减小，颜色变浅，再继续加入沙拉油，直至把油加完，最后加入柠檬汁即成。

马乃司：色泽浅黄，呈稠糊状，清香酸咸，绵软细腻。

 半流体类冷调味汁训练　荷兰蛋黄酱

荷兰蛋黄酱如图 6.10 所示。

（1）原料

奶油 35 克，白酒 20 克，柠檬汁 5 克，温水 15 克，蛋黄 3 粒，盐适量，黑胡椒粗粉适量。

（2）制作

1）将白酒、柠檬汁、盐和黑胡椒粗粉煮开至浓缩，冷却备用。

2）将蛋黄放置于不锈钢盆中，并加入浓缩汁液，隔热水搅打，移开后再慢慢加入奶油，并不断搅拌均匀至凝结，最后加入温水调拌混合均匀。

图 6.10　荷兰蛋黄酱

六、固体类冷调味酱

固体类冷调味酱是不流动的调味酱，主要用于西餐各类菜中，加入食物中用来改善味道的食品成分。固体类调味汁酱有 XO 酱、风味酱、美味鸡肝酱、BBQ 烤肉酱等。

西餐冷餐师应具备以下制作固体类冷调味酱的能力：①能制作固体类冷调味，并且掌握制作要点；②了解固体类冷调味汁的色、香、味、形与质量要求；③了解固体类冷调味汁与冷菜的搭配。

 固体类冷调味酱训练　XO 酱

XO 酱如图 6.11 所示。

（1）原料

蒜头 300 克，干葱头 500 克，小香葱 100 克，咸鱼 1 条，火腿粒 250 克，干贝 150 克，干海米 250克，新鲜指天椒 20 支，食用油 2.8 升，料酒少许，香葱 3 根，姜 4 片，剁椒 1000 克，糖适量，鸡精适量。

（2）制作

1）所有材料剥洗干净，干贝加料酒、香葱、姜片，以清水浸没上笼蒸 30 分钟，取出放凉，去葱姜不要，沥出干贝，撕成细丝。

2）蒜头、干葱头、火腿、海米切成小细粒，香葱切末，指天椒去蒂剪小段，黄婆鲞去骨取肉切丁，如果是小条咸鱼可以不用去骨，直接切丁，炸至鱼骨酥脆。

图 6.11　XO 酱

3）大火将油烧至七成热，将除指天椒以外的所有材料分别炸干，干贝、火腿、黄婆鲞不可炸得太干，否则会太硬。

4）将指天椒放入热油稍炸，倒入剁椒略翻炒后，加入其他炸好的材料开始熬酱。趁还有水分时放糖和鸡精调味，品尝干贝丝，后味咸香为准。

5）熬酱期间不时翻动以免粘底，熬至有焦香味散出，并且干贝丝尝起来有类似鱼松的口感即可关火。放凉后装瓶，酱上盖一指节高度油量，密封冷藏保存，0～4℃下保存期为 90 天。

固体类冷调味酱训练　烤肉风味酱

烤肉风味酱如图 6.12 所示。

（1）原料

洋葱碎 1 大匙，蒜碎 1 小匙，水 500 毫升，番茄酱 50 毫升，红酒 1 大匙，白砂糖 2 大匙，盐 1/2 小匙，黑胡椒粉 1/8 小匙，匈牙利红椒粉 1/8 小匙。

（2）制作

1）将所有材料放入锅中混合搅拌均匀。

2）以大火煮滚后改小火焖煮至浓稠即可。

图 6.12　烤肉风味酱

七、腌制蔬菜类冷开胃菜

腌制蔬菜是西餐中特有的一种制作方法，它以瓜果蔬菜为原料，分醋渍和酵渍两种，可独立成菜，也可作为配菜、佐食油腻的荤菜等。

西餐冷餐师应具备以下腌制类冷开胃菜的能力：①能制作腌制类冷开胃菜，并且掌握制作要点；②了解腌制类冷开胃菜的色、香、味、形与质量要求；③了解腌制类冷开胃菜与冷热菜的搭配。

腌制类冷开胃菜训练　腌酸黄瓜

腌酸黄瓜如图 6.13 所示。

（1）原料

小黄瓜 1000 克，芹菜 100 克，辣根 100 克，青椒 100 克，洋葱 2 个，胡椒粒 5 克，香叶 10 片，干辣椒 15 克，盐 25 克。

（2）制作

1）将小黄瓜洗净，芹菜去根和叶切成长段；辣根洗净切成片；青椒洋葱洗净后切大块。

2）把黄瓜码放在缸内一层，然后放一层胡椒粒香叶干辣椒芹菜辣根青椒和洋葱共码 3 层。

3）把盐用沸水（2500 克）冲化，倒入缸内，用硬物

图 6.13　腌酸黄瓜

压实，盖上缸盖，放 38℃ 左右温度下 1～2 天，使其发酵。当发到起泡沫时，移至 1～5℃ 处冷藏保存，冷透后即可食用。

4）腌酸黄瓜酸脆清口，除直接食用外，还可配菜及做调料之用。

用途：酸淡清香，可当菜肴的主料和配料。

 腌制类冷开胃菜训练　开胃酸辣泡菜

开胃酸辣泡菜如图 6.14 所示。

（1）原料

白萝卜，紫甘蓝，盐，白糖，白酒，果珍，白醋，泡椒。

（2）制作

1）将白萝卜去皮切 0.5 厘米的厚片，紫甘蓝切大块。

2）将萝卜片、紫甘蓝、泡椒放入一个有盖的容器中。

3）容器加盖放入冰箱中冷藏，7 天以后就可以吃了，紫甘蓝的颜色会溶于泡菜汁中。

图 6.14　开胃酸辣泡菜

4）将白萝卜染成粉红色，做好以后在冰箱中可保存 1 个月以上。

第四节　西餐冷菜调味汁训练

一、黑椒汁

（1）配料

黑椒碎 10 克，干葱碎 25 克，蒜蓉 25 克，牛油 30 克，黄汁、白兰地酒各 4 毫升，盐 2 克。

（2）训练

取一个干净的汁煲，烧热后加入黑椒碎慢炒香，攒少许白兰地酒后加入牛油，再将黑椒碎略炒一会儿，再加入干葱碎和蒜蓉一起炒香，加入黄汁后煮 5～6 分钟，撞入软牛油即可。

二、白菌汁

（1）配料

白菌片 50 克，蒜蓉 5 克，黄汁 2 汤匙，白兰地酒少量，牛油少量。

（2）训练

用牛油炒香蒜蓉，再加入白菌片略炒一下，攒白兰地酒后加入黄汁煮 5 分钟，撞入软牛油即可。

三、边尼士汁

（1）配料

他力根香草 5 克，干葱 25 克，黑胡椒粒 5 克，红醋 100 毫升、白酒少量、清牛油 500 毫升、蛋黄 3 颗、盐少量，番茄碎少量。

（2）训练

用红醋、他力根香草、干葱和黑椒粒一起煮成香草醋汁，经过滤后候用。取一个干净的钢兜，将 3 颗蛋黄和白酒一起打起泡至乳白状，然后加入香草醋，如此将所有的清牛油打完调味后加入番茄碎即可。

四、白汁

（1）配料

牛油 100 克，面粉 250 克，鲜奶（忌廉）500 毫升，汤底 1.5 升，盐-胡椒粉少量，香叶 3 片。

（2）训练

用香叶、牛油、面粉炒香成面捞，加入汤底并不停地搅拌以免起块，再加入鲜奶后沸起，过滤后调味即可。各种用途的白汁要视各种不同的汤底来决定，再加上稀和稠的调配，也要看需要用何种方法。

五、黄汁

（1）配料

大汤 30 千克，鸡骨（牛骨、牛筋等）5 千克，洋葱 1 千克，芹菜 1 千克，甘笋 1 千克，香叶少许，探草少量，黑椒粉少量，番茄膏 5 茶匙，面粉（黄面捞）2 茶匙。

（2）训练

先将各式的骨头等剁碎（不要用羊骨或鸭骨等）略炒香后，攒小许白兰地酒烧香，再将它放入焗炉里用 230℃焗香。将芹菜、洋葱、甘笋切碎用油炒香，加入香叶、番茄膏、面粉一起用慢火炒至红黑色，然后将烧香的骨头一起炒一下，再攒白兰地酒后与大汤一起煮，加入探草、黑椒碎一起煮 3 小时，过滤后调味即可。

六、万尼汁

（1）配料

菜油 1 升，蛋黄 1.5 颗，英芥末粉 1 茶匙，盐-胡椒粉少量，柠檬汁 2 茶匙，热开水少量。

（2）训练

先将蛋黄、芥末粉、盐、胡椒粉充分混合搅拌至略见白身，再将菜油慢慢地倒入，并一同搅拌至稠再加柠檬汁，再加菜油一直将所有的菜油和柠檬汁彻底用完，最后加热开水少许即可。

七、千岛汁

（1）配料

万尼汁 2 升，洋葱碎 150 克，酸青瓜碎 150 克，番茄沙司 1/2 升，或另加蛋碎、番茄碎。

（2）训练

将洋葱、酸青瓜用搅拌机打碎后加入万尼汁内，再将番茄沙司加入搅匀呈粉红色即可。

八、意大利汁

（1）配料

洋葱 50 克，蒜头 50 克，青椒 30 克，红椒 10 克，青水榄 30 克，黑水榄 50 克，菜油 2 升，红醋 3 升，英芥末粉 1 茶匙，黑椒粉少量，喼汁少量，番茄碎少量，盐少量。

（2）训练

将洋葱、蒜头、青椒、红椒、青、黑水榄加少许红醋用搅拌机打成蓉，再加入英芥末粉、黑椒粉充分混合，再将菜油、红醋分别慢慢地加入，打成汁，然后加入番茄碎、喼汁并调味即可。

九、法国汁

（1）配料

菜油 1 升，红醋 2/3 升，法芥末酱 1 茶匙，蛋黄 1 颗，洋葱碎 10 克，蒜蓉 5 克，盐少量。

（2）训练

先将法芥末酱与黄充分搅匀至稠，再将菜油和红醋分别慢慢加入，一边加入一边搅拌，直至菜油和红醋全部加入并呈乳白状，再加入洋葱碎、蒜蓉调味即可。

十、油醋汁

（1）配料

菜油 2 升，醋 3 升，洋葱碎（或干葱碎）50 克，黑胡椒粉少量，番茄碎少量，盐少量。

（2）训练

将所有的配料混合搅匀后调味即可。

第五节　西餐冷菜训练与考核

学习完上面的内容，请对以下菜品进行制作训练。

一、冷菜训练

1. 沙拉

火腿沙拉（ham salad）、鸡脯沙拉（chicken-breast salad）、鸡丝沙拉（shredded

chicken salad）、鸡蛋沙拉（egg salad）、鱼片沙拉（fish salad）、虾仁沙拉（shrimp salad）、大虾沙拉（prawn salad）、蟹肉沙拉（crab salad）、蔬菜沙拉（vegetable salad）、黄瓜沙拉（cucumber salad）、奶油黄瓜沙拉（cucumber salad with cream）、西红柿黄瓜沙拉（cucumber salad with tomato）、甜菜沙拉（beetroot salad）、红菜头沙拉（beetroot salad）、沙拉酱（salad dressing；mayonnaise）。

2. 肉

冷什锦肉（cold mixed meat）、冷肉拼香肠（cold meat and sausage）、冷火腿蔬菜（cold ham with vegetables）、什锦肉冻（mixed meat jelly）、肝泥（mashed liver；live paste）、牛肝泥（mashed ox liver；ox liver paste）、牛脑泥（mashed ox brain；ox brain paste）、冷烤牛肉（cold roast beef）、冷烤里脊（cold roast fillet）、冷烤羔羊腿（cold roast lamb leg）、冷烤猪肉（cold roast pork）、冷烩茶肠（cold stewed sausage）、冷茶肠（cold sausage）。

3. 鱼

熏鲱鱼（smoked herring）、熏鲤鱼（smoked carp）、沙丁油鱼（sardines）、鱼肉冻（fish jelly）、酿馅鱼（stuffed fish）、红鱼子酱（red caviar）、黑鱼子酱（black caviar）、大虾泥（minced prawns）、蟹肉泥（minced crab meat）、腌熏三文鱼（smoked salmon）、腌三文鱼（marinated salmon with lemon and capers）、金枪鱼沙拉（tuna fish Salad）、烟熏三文鱼（smoked salmon）、鸡蛋鲱鱼泥子（minced herring with eggs）、鸡蛋托鲱鱼（herring on eggs）。

4. 家禽

鸡肉冻（chicken jelly；chicken in aspic）、鸡肉泥（minced chicken meat；chicken paste）、鸡肝泥（minced chicken liver；chicken liver paste）、鸭肝泥（minced duck liver；duck liver paste）、酿馅鸡蛋（stuffed eggs）、奶酪酿馅鸡蛋（stuffed eggs with cheese）、酿馅鸡（stuffed chicken）、冷烤油鸡蔬菜（cold roast chicken with vegetables）、冷烤火鸡（cold roast turkey）、冷烤山鸡（cold roast pheasant）、冷烤野鸡（cold roast pheasant）、冷烤鸭（cold roast duck）、冷烤野鸭（cold roast wild duck）、烤鸭冻粉（roast duck jelly）、冷烤鹅（cold roast goose）、冷烤野鹅（cold roast wild goose）。

5. 素菜

什锦蔬菜（assorted vegetables）、红烩茄子（stewed egg-plant brown sauce）、酿青椒（stuffed green pepper）、酿西红柿（stuffed tomato）、酸蘑菇（sour mushrooms）、酸黄瓜（sour cucumbers；pickled cucumbers）、泡菜（pickled cabbage；sour and sweet cabbage）。

6. 汤类训练内容

奶油蘑菇汤（cream of mushroom soup）、奶油胡萝卜汤（cream of carrot soup）、奶油芦笋汤（cream of asparagus soup）、番茄浓汤（traditional tomato soup）、海鲜周打汤（seafood chowder）、法式洋葱汤（French onion soup）、牛肉清汤（beef consomme）、匈牙利浓汤（Hungarian beef goulash）、香浓牛尾汤（oxtail soup）、意大利蔬菜汤（Minestrone soup）、西班牙番茄冻汤（gazpacho）。

二、西餐冷菜训练考核表

1. 考核项目——切丝

切丝考核表如表 6.1 所示。

表 6.1 切丝考核表

质量标准	分项分	扣分	得分
标准重量（200 克）	20		
标准时间（3 分钟）	30		
粗细均匀（粗不超过 0.12 厘米）	20		
长短一致（长度为 6 厘米）	10		
无连刀	10		
操作规范与卫生	10		
合计	100		

2. 考核项目——切片

切片考核表如表 6.2 所示。

表 6.2 切片考核表

质量标准	分项分	扣分	得分
标准重量（200 克）	20		
标准时间（两分钟）	10		
厚薄均匀	30		
无连刀	20		
形状美观完整	10		
操作规范与卫生	10		
合计	100		

3. 考核项目——冷菜装饰

冷菜装饰考核表如表 6.3 所示。

表 6.3　冷菜装饰考核表

项　目	规定时间 (60 分钟)	标准重量 (900 克)	原料配 比合理	刀工细 腻整齐	造型 美观	口味配 合适中	色泽 协调	点缀 合理	节约 卫生	合　计
标准分	5	5	10	20	25	15	10	5	5	100
扣分										
得分										

4. 考核项目——冷菜制作技术

冷菜制作技术考核表如表 6.4 所示。

表 6.4　冷菜制作技术考核表

项　目	选料及初 加工正确	调配料使 用恰当	火候 适当	质地符 合要求	口味 纯正	色泽符 合要求	刀工处 理正确	节约 卫生	其他	合计
标准分	20	5	15	10	20	10	15	5		100
扣分										
得分										

第六节　西餐训练

一、蔬菜沙拉

1. 实训目标

通过学习制作蔬菜沙拉，掌握其原料配比、制作过程和操作要点，熟知蔬菜沙拉的成品特点和应用范围，同时逐渐了解并最终掌握沙拉类菜肴的一般工艺规律。

2. 实训要求

1) 实训课前，认真复习老师示范讲解流程与要点。
2) 实训前按企业职业要求着装。
3) 根据实训品种原料调料配比，能按工艺流程要求完成蔬菜沙拉制作。
4) 蔬菜沙拉制作的色泽、口味等符合标准。
5) 实训中能按实训厨房卫生要求、食品卫生要求实训。
6) 每 2 人一组轮流实训。

3. 实训流程

工具卫生检查—学生制作菜品—老师指导学生—清理实训场地—填写实训报告—菜品评分—学生分组讨论—老师总结讲评。

4. 实训准备

1) 工作服准备：实训服、围裙、帽子、毛巾。

2）工具设备准备：瓷碗、分刀、砧板、沙拉盘。

3）原料调料准备：1 颗球形生菜、1 颗长叶生菜、0.5 颗散形生菜、0.5 颗细叶生、125 克黄瓜、80 克西芹、80 克胡萝卜、60 克洋葱、300 克番茄。

5. 操作步骤

第一步：清洗浸泡全部原料。
第二步：黄瓜、西芹切片，胡萝卜、洋葱切丝，番茄切块状，生菜用手撕成片。
第三步：将加工好的原料（除番茄外）放入沙拉盘中拌匀，配上番茄块。
第四步：上菜时配上沙拉汁。

6. 成品特点

清脆爽口、色泽美观、营养素高，如图 6.15 所示。

图 6.15　蔬菜沙拉

7. 操作要点

1）胡萝卜丝要切得细而均匀。
2）要充分控干原料的水分。
3）球形生菜清洗时去掉底部硬梗，打开用流水冲洗。
4）黄瓜、西芹要去皮。
5）各种生菜浸泡时，加入少许柠檬汁，可防止变颜色。

8. 拓展空间

1）切顺丝：胡萝卜、芹菜、大葱、芜菁等原料切丝时，应顺纤维方向切成丝。
2）切横丝：菠菜、生菜、卷心菜等原料切丝时，应逆纤维方向顶刀切成丝。

9. 考核标准

蔬菜沙拉考核标准如表 6.5 所示。

表 6.5　蔬菜沙拉考核标准

考核要点	分值
清脆爽口	25
色泽美观	25
成品形态不塌陷	25
要求 25 分钟内完成	25

10. 思考题

1）为什么叶菜类蔬菜切丝要逆着纤维方向切？
2）制作蔬菜沙拉的操作要点和应注意的事项有哪些？

二、蛋黄酱

1. 实训目标

通过学习制作蛋黄酱，掌握调制其原料配比、制作过程和操作要点，熟知蛋黄酱的制作原理和成品特点，最终掌握沙拉类菜肴的一般工艺规律。

2. 实训要求

1) 实训课前，认真复习老师示范讲解流程与要点。
2) 实训前按企业职业要求着装。
3) 根据实训品种原料调料配比，能按工艺流程要求完成蔬菜沙拉制作。
4) 蛋黄酱制作的色泽、口味等符合标准。
5) 实训中能按实训厨房卫生要求、食品卫生要求实训。
6) 每2人一组轮流实训。

3. 实训流程

工具卫生检查—学生制作菜品—老师指导学生—清理实训场地—填写实训报告—菜品评分—学生分组讨论—老师总结讲评。

4. 实训准备

1) 工作服准备：实训服、围裙、帽子、毛巾。
2) 工具设备准备：瓷碗、分刀、砧板、沙拉盘。
3) 原料调料准备：4个蛋黄，10毫升芥末，15毫升白葡萄酒醋，10克盐，25毫升柠檬汁，3克白胡椒，850毫升色拉油。

5. 操作步骤

第一步：将蛋黄放入陶瓷器皿内，加入盐、白胡椒粉、芥末、醋。

第二步：用蛋抽将蛋黄搅匀，逐渐加入橄榄油，并用蛋抽不断搅拌，使蛋黄和油融为一体。

第三步：当浓度变黏稠，搅拌吃力时，可用柠檬汁稀释。

第四步：使颜色变白后，再继续逐渐加油，直至将橄榄油或色拉油全部加完为止。

6. 成品特点

浅黄有光泽，口味咸酸，口感细腻绵软，如图6.16所示。

7. 操作要点

制作蛋黄酱过程中，容易发生蛋黄和油脂分

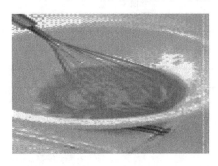

图6.16　蛋黄酱

离的脱油现象，所以在制作蛋黄酱时应注意以下几个要点，避免脱油现象的出现。

1）调制蛋黄酱时的油脂应选用脱色、无异味的橄榄油或色拉油等。

2）蛋黄要选用新鲜的蛋黄。

3）调制蛋黄酱的油脂时温度不要太低。

4）加油时，要逐渐将油加入，应由慢至快，用力要均匀。

5）每次加油时应让油与蛋黄充分融合时再加下次油。

6）如打至浓稠时可以用柠檬汁稀释，再加油。

7）用蛋抽搅打时应顺同一方向搅打。

8. 拓展空间

1）蛋黄酱的保存方法：蛋黄酱应存放在 4～7℃ 的冷藏箱中保存，不超过 3 天。如温度过高，蛋黄酱易出现脱油现象，如温度低于 0℃，蛋黄酱会结冰，再解冻后也会出现脱油现象。制作蛋黄酱主要利用了脂肪的乳化作用。存放时要密封保存，防止表面水分蒸发而出现脱油现象。取用时用无油器具，以防出现脱油现象。要避免强烈振动，以防出现脱油现象。

2）蛋黄酱：在中国往往采用音译的方式，而且由于地区不同，其名称的译法也略有差别，在上海，人们称其为色拉油少司；在北京、天津人们称其为马乃少司；在哈尔滨人们称其为麻奈少司；在广东、香港称其为沙律汁。此外，蛋黄酱还有色拉酱、玛洋耐司、沙拉酱、万厘汁等叫法。

3）橄榄油：西班牙是世界橄榄油的出口大国，其出口量占全球的 70%。全世界质量最好的橄榄油产自希腊的克里克岛，这里产的橄榄油在欧洲市场要卖到 250 美元/升，而且很快就会被抢购一空。国际橄榄油协会按照橄榄油的纯度、酸度，将其分为两大类、五个级别。第一类是原生橄榄油，或称天然橄榄油。它采用机械冷榨工艺，直接从新鲜的橄榄果实中经过过滤等处理除去异物得到油汁，加工过程不经化学处理。另一大类被称作精炼橄榄油，酸度超过 3.3%，含有一定的杂质，价格比上一类要便宜得多，颜色比较淡，混浊，质地稀薄。根据橄榄油的质量和感官指标，可将其分为以下五个级别：特级初榨橄榄油、普通初榨橄榄油、纯正橄榄油、精炼橄榄油、橄榄果渣油。

9. 考核标准

蛋黄酱考核标准如表 6.6 所示。

表 6.6　蛋黄酱考核标准

考核要点	分值
清脆爽口	25
色泽美观	25
成品形态不塌陷	25
要求 25 分钟内完成	25

10. 思考题

1）制作蛋黄酱的操作要点和应注意的事项有哪些?

2）制作蛋黄酱时，对使用的油脂有哪些要求? 为什么?

第七章　西式点心制作与训练

学习目标：通过本课程学习，使学生熟悉西点七大类近百种点心的制作过程，并掌握相关的理论知识，具备完成本专业相关岗位工作任务的能力；能选用与保养工具、设备，能对馅心原料初步加工，能制作生馅、熟馅，能调制各种面团，能制作多种面点，熟练掌握中点制作制皮、上馅、包捏、成形等基本技术；掌握蒸、煮、炸、煎、烤等成熟方法、能根据品种及数量选用盛器。

第一节　西点原料、辅料和工具

西式点心的英文为"baking food"，意思是烘焙食品，所以西式点心等于西式烘焙食品。西式点心既可以做主食也可以做点心。总的来说，西式点心是面包类蛋糕类点心的统称（包括冷食），在口味上分甜、咸两种。另外，土司、餐包、三明治、汉堡包、酥馅饼等，也都属于西式点心。

西式点心品种较多，花色繁多，大小不一，所以对工具设备和原、辅料都有不同的要求，不能一概而论，但是操作点心需要的基本工具还是一样的，以下介绍一些常用的原、辅料和工具。

一、西点原料

1）高筋面粉：用来制作面包及一些需要用到高粉的点心，可以用饺子粉代替。

2）中筋面粉：就是普通面粉。

3）低筋面粉：用来制作蛋糕。可以用中筋面粉和白色玉米淀粉以 8：2 的比例自己配制。

二、西点辅料

1）粟粉：白色玉米淀粉，用来降低面粉筋度，增加口感。

2）泡打粉：食品添加剂类、膨胀剂类。

3）酵母粉：食品添加剂类、膨胀剂类。

4）黄油：植物黄油，也称奶油。

5）鲜奶油：（动物性植物性均可）主要用于奶油裱花蛋糕的裱花及西点装饰等。

6）塔塔粉：不需要购买，可以用家用白醋代替，主要用于帮助打发蛋白。

7）色拉油：基本上无味的家用菜油都是可以替代的。

8）片状麦琪琳：延展性较好，主要用于制作葡式蛋挞和丹麦面包西点。

9）马拉里苏奶酪：可以拉丝的奶酪，主要用于制作比萨。

10）牛至叶草：增香用香料，制作比萨时用。

椰子粉、奶油奶酪、巧克力彩针、绿茶粉等材料不一一列举。鸡蛋、牛奶等随处可买的材料不作介绍。

三、西点工具

1）手动打蛋器：用来打发蛋黄等。

2）量匙：用来计量。包括 1 大匙、1 小匙、1/2 小匙、1/4 小匙。

3）分蛋器：用来顺利分开蛋白蛋清。

4）橡皮刮刀：用来搅拌混合材料。

5）量杯：计量工具。

6）刮板：用来切割面团、刮去面板上的黏着物等。

7）毛刷：给面包刷上蛋液外衣、刷去蛋糕屑等。

8）擀面杖：用来擀开面皮等。

9）蛋挞模：用来烤制蛋挞和一些小的花色点心。

10）派盘：做派和比萨都能用到，参考型号为 7 寸。

11）中空模：用来制作天使蛋糕和造型花式蛋糕。参考型号为 8 寸。

12）脱底蛋糕模：几乎烤所有类型的蛋糕都可以用。圆模型号为 8 寸、心模为 8 寸。

13）不锈钢打蛋盆：在西点制作中常会用到的工具。

14）蛋糕铲：用来切分蛋糕。

15）锯齿刀：切蛋糕、面包的利器，会让成品的边缘会比较清晰好看。

16）油纸：和锡纸一样用来垫在模具内用来防粘。

17）防粘带盖吐司模：做吐司最好还是选用防沾吐司模，才能烤出漂亮的外皮。

18）裱花转换器：用于转换不同花嘴，比较方便。

19）各种裱花嘴：用于裱花奶油蛋糕装饰等。

20）裱花袋：裱花用。

21）蛋抽子：用于把鸡蛋或者奶油、黄油打起、打匀的工具。

22）细箩：又称漏子，用于筛面或者过滤原料中的杂质。

23）刷子：面点专用的刷子，用于海绵蛋糕刷糖水，或者装饰蛋糕。

24）打蛋器：用于打发如蛋清、蛋黄、奶油等质地较软的原料。

25）刮板：塑料质地，用于拌匀原料、刮净原料等。

26）锯齿刀：锋利的刀面，用于切蛋糕及面包。

27）直把抹刀：用于蛋糕内外抹奶油、黄油。

28）分刀：西餐中常见的刀具，在西点中用于切蛋糕或面包。

29）把抹刀：用于直把抹刀不好抹到的地方。

30）走锤：开起酥面，或者擀面的时候使用。

31）挤袋：用于挤奶油或黄油对蛋糕进行装饰，也可用于烤制前的原料成型。

32）剪刀：用于裁剪原料或辅料改变形状。

33）滚子：起酥面开成面皮后，用滚子切开成需要的形状。

第二节　蛋糕制作工艺

蛋糕的品种很多，主要有清蛋糕和油蛋糕，还有夹心蛋糕、装饰蛋糕、卷筒蛋糕、生日蛋糕，均是在蛋糕坯上进行加工装饰而成，所以蛋糕坯的制作就尤为重要。蛋糕坯的制作过程如下。

一、蛋糕面糊的搅拌步骤

蛋糕面糊的搅拌方法有多种，不同的搅拌方法做出来的蛋糕会有不同的特点。蛋糕面糊的搅拌有以下 4 种方法。

1. 糖油拌合法

糖油拌合法的原理是糖和油在搅拌过程中能充入大量空气，使烤出来的蛋糕体积较大，而组织松软。此类搅拌方法为目前多数烘焙师所用。其搅拌步骤如下。

1) 配方中所有的糖、盐和油脂倒入搅拌缸内用中速搅拌 8～10 分钟，直到所搅拌的糖和油蓬松呈绒毛状，将机器停止转动，把缸底未搅拌均匀的油用刮刀拌匀，再继续搅拌。

2) 蛋分两次或多次慢慢加入第一步已拌发的糖油中，并把缸底未拌匀的原料拌匀，待最后一次加入蛋后应拌至均匀细腻，不可再有颗粒存在。

3) 面粉与发粉拌合过筛，分 3 次与牛乳（奶粉需先溶于水）交替加入以上混合物内，每次加入时应成线状慢慢地加入搅拌物的中间。用低速继续将加入的干性原料拌至均匀有光泽，然后将搅拌机停止，将搅拌缸四周及底部未搅到的面糊刮匀。继续添加剩余的干性原料和牛乳，直到全部原料加入并拌至光滑均匀即可，避免搅拌太久使用。

特点：制作出的蛋糕体积大、松软。

2. 面粉油脂拌合法

面粉油脂拌合法的目的和效果与糖油拌合法大致相同，只是经本法拌合的面糊所做成的蛋糕较糖油拌合法所做的更为松软，组织更为细密，但做出来的蛋糕体积没有糖油拌合法做出来的大。注意使用本拌合法时，油脂用量不能少于 60%，否则得不到应有的效果。其拌合的程序如下。

1) 发粉与面粉筛匀，与所有的油一起放入搅拌缸内，用桨状拌打器慢速拌打 1 分钟，改用中速将面粉和油拌合均匀，在搅拌中途需将机器停止，把缸底未能拌到的原料用刮刀刮匀，然后拌至蓬松，需 10 分钟左右。

2) 将配方中糖和盐加入已打松的面粉和油内，继续用中速搅拌均匀，3 分钟左右，无须搅拌过久。

3) 改用慢速将配方内 3/4 的牛乳慢慢加入使全部面糊拌合均匀后，再改用中速将蛋分两次加入，每次加蛋时需将机器停止，刮缸底再把面糊拌匀。

4）剩余 1/4 的牛乳最后加入，中速搅拌，直到所有糖的颗粒全部溶解为止。

特点：制作出的蛋糕组织细密且松软。

3. 两步拌合法

两步拌合法较以上两种方法略为简单方便，其搅拌方法如下。

1）将配方内所有干性原料，包括面粉、糖、盐、发粉、奶粉、油等，以及所有的水一起加入搅拌缸内，先用桨状拌打器慢速搅拌使干性原料沾湿而不飞扬，再改用中速搅拌 3 分钟，把机器停止，将缸底原料刮匀。

2）全部蛋慢慢地加入第一步的原料中，用慢速搅拌，待全部加完后机器停止，将缸底刮匀，再改用中速继续拌 4 分钟。

特点：简便，但不适宜使用面筋含量高或者筋力过强的小麦粉。

4. 糖蛋拌合法

糖蛋拌合法的搅拌步骤如下。

先将全部的糖、蛋放于洁净的搅拌缸内，先以慢速打均匀，然后用高速将蛋液搅拌到呈乳黄色（必要时冬天可在缸下面盛放热水以加快蛋液起泡速度），用手勾起蛋液时，蛋液尖峰向下弯，呈鸡公尾状时，转用中速搅拌 1~2 分钟，加入过筛的面粉（或发粉），慢速拌匀。最后把液态油或熔化的奶油加入拌匀即可。

特点：主要靠蛋液的起泡来起发，适用于乳沫类及戚风类蛋糕。

二、蛋糕糊的成形工艺

蛋糕原料经调搅均匀后，一般应立即灌模进入烤炉烘烤。蛋糖调搅法应控制在 15 分钟之内，乳化法则可适当延长些时间。蛋糕的形状是由模具的形状来决定的。蛋糕在成形时应注意以下几点。

1. 模具的选择

蛋糕的成形一般都是借助于模具来完成的。一般常用的模具由马口铁、不锈钢、白铁皮、金属铝及耐热玻璃材料制成。其形状有圆形、长方形、花边形、鸡心形、正方形等。边沿还可分为高边和低边两种。选用时要依据蛋糕的配方、比重、内部组织状况的不同，灵活进行选择。

2. 蛋糕糊灌模要求

为了使烘烤的蛋糕很容易地从模具中取出，避免蛋糕黏附在烤盘或模具上，面糊在装模前必须使模具清洁，还要在模具四周及底部铺上一层干净的油纸，在油纸上还要均匀地涂上一层油脂。如能在油脂上撒一层面粉则效果更佳。

蛋糕依据打发的膨松度和蛋糖面粉的比例不同而不同，一般以填充模具的七八成满为宜。在实际操作中，烤好的蛋糕刚好充满烤盘，不溢出边缘，顶部不凸出，这时装模面糊容量就恰到好处。如装的量太多，烘烤后的蛋糕膨胀溢出，影响制品美观，造成浪费；相反，装的量太少，则在烘烤过程中由于水分过多地挥发而降低蛋糕的松软性。

三、蛋糕的烘烤技术

1. 设定温度和时间

烘烤的温度对所烤蛋糕的质量影响很大。温度太低，烤出的蛋糕顶部会下陷，内部较粗糙；烤制温度太高，则蛋糕顶部隆起，中央部分容易裂开，四边向里收缩，糕体较硬。通常烤制温度以 180～220℃ 为佳。烘烤时间对所烤蛋糕质量影响也很大。正常情况下，烤制时间为 30 分钟左右。如时间短，则内部发黏，不熟；如时间长，则易干燥，四周硬脆。烘烤时间应依据制品的大小和厚薄来进行决定，同时可依据配方中糖的含量灵活进行调节。含糖高，温度稍低，时间长；含糖量低，温度则稍高，时间长。

2. 蛋糕出炉处理

蛋糕出炉前，应鉴别蛋糕成熟与否，如观察蛋糕表面的颜色，以判断生熟度。用手在蛋糕上轻轻一按，松手后可复原，表示已烤熟，不能复原，则表示还没有烤熟。还有一种更直接的办法，是用一根细的竹签插入蛋糕中心，然后拔出，若竹签上很光滑，没有蛋糊，表示蛋糕已熟透；若竹签上粘有蛋糊，则表示蛋糕还没熟。如没有熟透，需继续烘烤，直到烤熟为止。

检验蛋糕已熟透，则可以从炉中取出，从模具中取出，将蛋糕立即翻过来，放在蛋糕架上，使正面朝下，使之冷透，然后包装。蛋糕冷却有两种方法：一种是自然冷却，冷却时应减少制品搬动，制品与制品之间应保持一定的距离，制品不宜叠放；另一种是风冷，吹风时不应直接吹，防止制品表面结皮。为了保持制品的新鲜度，可将蛋糕放在 2～10℃ 的冰箱里冷藏。

第三节　影响蛋糕质量的因素分析

厨房在制作蛋糕的时候，各种原料都会不同程度地影响蛋糕质量。下面对蛋糕制作中影响蛋糕质量的因素进行分析。

一、糖的影响分析

1. 糖在蛋糕制作中的主要功能

糖在烘焙产品中是一中富有能量的甜味料，也是酵母主要能量的来源。糖有吸湿性及水化作用，可使产品保持柔软，并可以增加保鲜期；糖有产生焦化的作用，提供产品的色泽和香味。糖类在加热到其熔点以上的分子与分子之间相互结合形成多分子的聚合物，并焦化成黑褐色的色素物质——焦糖。

2. 糖在蛋糕中的功能

糖在蛋糕中的功能：①增加制品甜味，提高营养价值；②改变表皮颜色，在烘烤过程中，蛋糕表面变成褐色并散发出香味；③填充作用，使面糊光滑细腻，产品柔软；④保持水分，延缓老化，具有防腐作用。

二、蛋的影响分析

1. 蛋的作用

蛋中的蛋白是一种亲水胶体，具有一定的黏度和良好的起泡性。在蛋糕制作中起着膨胀和增大体积的作用。蛋中的蛋白对热极敏感，受热后凝结变性，可起到黏结其他原料、构成体积的作用。

2. 蛋黄的乳化作用

由于蛋黄中含有卵磷脂，而卵磷脂具有亲油、亲水的双重性质，是一种理想的天然乳化剂，能使油、水和其他材料均匀地混合在一起，可使蛋糕保持一定水分，在保存期间保持柔软。

3. 蛋的美拉德反应

蛋糕在烘焙过程进行羰氨反应，其中间产物再与氨基酸作用，产生醛、烯胺醇等物质，使蛋糕具有独特的蛋香味和表皮上色，具有增强风味和呈色的作用。

三、面粉的影响分析

面粉是由小麦加工而成的，是制作蛋糕的主要原料之一。

1. 面粉的选择

面粉大致分为五大类：高筋粉、低筋粉、中筋粉、全麦粉和蛋糕（面包）专用粉。通常用于制作蛋糕的粉是软质面粉，也就是低筋粉或蛋糕专用粉。低筋粉由软质白色小麦磨制而成，它的特点是蛋白质含量较低，一般为 7%～9%，湿面筋不低于 22%。

2. 面粉在蛋糕中的功能

面粉中的蛋白质充分吸收水分后，形成面筋，构成蛋糕的骨架。面粉颗粒附在骨架上，能吸水，可起到填充作用。

四、液体的影响分析

1. 液体的选择

蛋糕所用液体大都是全脂牛奶（鲜奶），但也可使用淡炼乳、脱脂牛奶或脱脂奶粉加水，如要增加特殊风味也可用果汁或果酱作为液体的配料。

2. 液体的功能

液体能调节面糊的稀稠度，增加水分，使组织细腻降低油性，改善风味（指牛奶、果汁等)。

五、油脂的影响分析

1. 油脂的选择

在蛋糕的制作中用的最多的是色拉油和黄油。黄油具有天然纯正的乳香味道,颜色佳,营养价值高,对改善产品的质量有很大的帮助;而色拉油无色无味,不影响蛋糕原有的风味,所以广泛采用。

2. 油脂在蛋糕中的功能

油脂在蛋糕中的功能:①固体油脂在搅拌过程中能保留空气,有助于面糊的膨发和增大蛋糕的体积;②使面筋蛋白和淀粉颗粒润滑柔软,柔软只有油才能起到作用,水在蛋糕中不能做到;③具有乳化性质,可保留水分;④改善蛋糕的口感,增加风味。

六、蛋糕油的影响分析

蛋糕油又称蛋糕乳化剂或蛋糕起泡剂,它在海绵蛋糕的制作中起着重要的作用。

1. 蛋糕油的工艺性能

在制作蛋糕面糊的搅打时,加入蛋糕油可吸附在空气-液体界面上,能使界面张力降低,使液体和气体的接触面积增大,液膜的机械强度增加,有利于浆料的发泡和泡沫的稳定。可使面糊的比重和密度降低,而烘出的成品体积就增加;同时还能够使面糊中的气泡分布均匀,大气泡减少,使成品的组织结构变得更加细腻、均匀。

2. 蛋糕油的添加量和添加方法

蛋糕油的添加量一般是鸡蛋的 3%～5%。因为它的添加是依据鸡蛋而定的,每当蛋糕的配方中鸡蛋增加或减少时,蛋糕油也须按比例加大或减少。蛋糕油一定要在面糊的快速搅拌之前加入,这样才能充分地搅拌溶解,也就能达到最佳的效果。

3. 添加蛋糕油的注意事项

蛋糕油一定要保证在面糊搅拌完成之前能充分溶解,否则会出现沉淀结块;面糊中有蛋糕油的添加则不能长时间的搅拌,因为过度的搅拌会使空气拌入太多,反而不能够稳定气泡,导致破裂,最终造成成品体积下陷,组织变成棉花状。

七、塔塔粉的影响分析

塔塔粉的功能:①中和蛋白的碱性;②帮助蛋白起发,使泡沫稳定、持久;③增加制品的韧性,使产品更为柔软。

塔塔粉的添加量是全蛋的 0.6%～1.5%,与蛋清部分的砂糖一起拌匀加入。

八、化学膨松剂的影响分析

常用的化学膨松剂有泡打粉、小苏打和臭粉，在蛋糕的制作中使用最多的是泡打粉。泡打粉的成分是小苏打、酸性盐和中性填充物淀粉，酸性盐分强酸和弱酸两种。强酸——快速发粉遇水就发；弱酸——慢速发粉要遇热才发；混合发粉——双效泡打粉，最适合蛋糕用。小苏打化学名为碳酸氢钠，遇热加温放出气体，使蛋糕膨松，呈碱性，蛋糕中较少用。臭粉化学名为碳酸氢铵，遇热产生 CO_2 气体，使蛋糕膨胀。膨松剂的功能：增加体积；使体积结构松软；使组织内部气孔均匀。

第四节　常见蛋糕制作训练

 可可海绵蛋糕训练

可可海绵蛋糕如图 7.1 所示。

图 7.1　可可海绵蛋糕

（1）原料

鸡蛋 600 克，白糖 300 克，低筋粉 290 克，可可粉 30 克，白脱油 100 克，脱脂牛奶适量。

（2）用具

搅拌桶，筛子，小锅，垫纸，蛋糕圈，烤盘，蛋糕板。

（3）制法

1）预热烤箱至 180℃（或上火 180℃、下火 165℃）备用。

2）将鸡蛋打入搅拌桶内，加入白糖，用搅拌机搅打至泛白并成稠厚乳沫状。

3）将低筋粉和可可粉用筛子筛过，轻轻地倒入搅拌桶中，并加入溶化且冷却的白脱油和脱脂牛奶，搅和均匀成蛋糕司。

4）将蛋糕司装入垫好垫纸，放在烤盘里的蛋糕圈内，并用手顺势抹平，进烤箱烘烤。

5）约烤 30 分钟，待蛋糕完全熟透取出，趁热覆在蛋糕板上，冷却后即可食用。

香草海绵蛋糕训练

香草海绵蛋糕如图 7.2 所示。

（1）原料

鸡蛋 630 克，白糖 310 克，香兰素或香草粉 5 克，低筋粉 310 克，生菜油 100 克，脱脂淡奶适量。

（2）用具

搅拌桶，筛子，垫纸，蛋糕圈，蛋糕板。

（3）制法

1）预热烤箱至 180℃（或上火 180℃、下火 165℃）备用。

2）将鸡蛋打入搅拌桶内，加入白糖和香兰素或香草粉，放在搅拌机上搅打至稠厚并泛白。

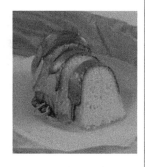

图 7.2　香草海绵蛋糕

3）轻轻地向搅拌桶内拌入筛过的面粉，稍加拌匀后，加入生菜油及脱脂淡奶，继续拌至匀透成蛋糕司。

4）将蛋糕司装入铺好垫纸放在烤盘里的蛋糕圈内，并用手顺势抹平，入烤箱烘烤。

5）约烤 30 分钟，蛋糕完全熟透后取出，趁热覆在蛋糕板上，冷却后即可食用。

 香橙海绵蛋糕训练

图 7.3　香橙海绵蛋糕

香橙海绵蛋糕如图 7.3 所示。

（1）原料

鸡蛋 500 克，白糖 300 克，细盐 5 克，低筋粉 200 克，发酵粉 5 克，脱脂牛奶适量，香橙汁 50 克，生菜油 75 克。

（2）用具

搅拌桶，搅拌盆，筛子，垫纸，蛋糕圈，蛋糕板。

（3）制法

1）预热烤箱至 170℃（或上火 175℃、下火 160℃），在烤盘上铺上垫纸，再放好蛋糕圈备用。

2）将鸡蛋分成蛋黄、蛋白备用。

3）在搅拌桶内倒入蛋黄、细盐及一半白糖，用搅拌机搅打至稠厚并泛白，再依次加入低筋粉和发酵粉、脱脂牛奶、香橙浓汁及生菜油，全部拌匀透。

4）将蛋白和另一半白糖放入另一搅拌桶内，用搅拌机搅打成软性泡沫状，拌入蛋黄混合物，拌和均匀，装入备用的蛋糕圈内，并顺势抹平，进烤箱烘烤。

5）约烤 40 分钟，至蛋糕完全熟透后取出，趁热覆在蛋糕板上，冷却后即可食用。

杏仁海绵蛋糕训练

图 7.4　杏仁海绵蛋糕

杏仁海绵蛋糕如图 7.4 所示。

（1）原料

鸡蛋 500 克，白糖 250 克，脱脂淡奶适量，低筋粉 240 克，杏仁粉 80 克，溶化白脱油 50 克。

（2）用具

搅拌桶，筛子，垫纸，蛋糕圈，蛋糕板。

（3）制法

1）预热烤箱至 180℃（或上火 180℃、下火 170℃），在烤盘上铺上垫纸，再放好蛋糕圈备用。

2）将鸡蛋打入搅拌桶内，加入白糖，用搅拌机搅打至泛白并成厚乳沫状时，加入适量脱脂淡奶，转用中速或低速搅打一会儿。

3）仔细地将筛过的低筋粉和杏仁粉拌入，稍加拌匀后，再加入溶化的白脱油，拌和匀透，装入备用的蛋糕圈内，进烤箱烘烤。

4）约烤 30 分钟，至蛋糕完全熟透时取出，趁热覆在蛋糕板上，冷却后即可食用。

 蜂蜜海绵蛋糕训练

蜂蜜海绵蛋糕如图 7.5 所示。

（1）原料

蛋糕乳化油 20 克，温水少许、鸡蛋 500 克，白糖 250 克，低筋粉 250 克，发酵粉 5 克，花生酱 100 克，溶化白脱油 45 克，脱脂淡奶适量。

（2）用具

搅拌盆，蛋扦，搅拌桶，筛子，量杯，垫纸，蛋糕圈，蛋糕板。

图 7.5　蜂蜜海绵蛋糕

（3）制法

1）将蛋糕乳化油和温水一起放在搅拌盆内，用蛋扦搅打均匀备用。

2）预热烤箱至 170℃（或上火 170℃、下火 160℃），在烤盘内铺上垫纸，再放好蛋糕圈备用。

3）将乳化油倒入搅拌桶内，打入鸡蛋并加入白糖，用搅拌机搅打至完全膨松。

4）将筛过的面粉和发酵粉慢慢地倒入搅拌桶，稍加拌匀后，再加入花生酱和溶化的白脱油及脱脂淡奶，拌和匀透。

5）将拌匀的物料装入备用的蛋糕圈内，并顺势抹平表面，进烤箱烤。

6）约烤 40 分钟，至完全熟透时取出，趁热覆在蛋糕板上，冷却后即可食用。

注：蛋糕乳化油又称"SP"，能使蛋糕加快乳化，体积蓬松，特别适用于大生产，但生产出来的蛋糕收缩比稍有增加。花生酱可用烤香脆的花生仁加水磨制而成。

 咖啡海绵蛋糕训练

咖啡海绵蛋糕如图 7.6 所示。

（1）原料

鸡蛋 8 只，鸡蛋黄 3 只，白糖 350 克，速溶咖啡 10 克，低筋粉 345 克，溶化的白脱油 180 克，脱脂淡奶适量。

（2）用具

搅拌桶，筛子，量杯，垫纸，蛋糕圈，蛋糕板。

（3）制法

1）预热烤箱至 180℃（或上火 185℃、下火 165℃），在烤盘内铺上垫纸，再放好蛋糕圈备用。

图 7.6 咖啡海绵蛋糕

2）将鸡蛋和鸡蛋黄一起放入搅拌桶内，加入白糖和速溶咖啡，用搅拌机搅打至成稠厚的乳沫状。

3）将低筋粉过筛后，细心地倒入搅拌桶，并搅拌均匀，然后再加入溶化的白脱油和脱脂淡奶，全部混合拌匀。

4）将混合好的物料装入备用的蛋糕圈内，并顺势用手抹平表面，进烤箱烘烤。

5）约烤 35 分钟，至完全熟透时取出，趁热覆在蛋糕板上，至冷却后即可食用。

 草莓海绵蛋糕训练

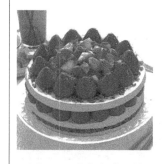

图 7.7 草莓海绵蛋糕

草莓海绵蛋糕如图 7.7 所示。

（1）原料

鸡蛋 500 克，白糖 275 克，细盐 4 克，草莓果酱 100 克，低筋粉 250 克，玉米淀粉 25 克，生菜油 50 克，脱脂牛奶适量。

（2）用具

搅拌桶，量杯，筛子，垫纸，蛋糕圈，蛋糕板。

（3）制法

1）预热烤箱至 170℃（或上火 165℃、下火 155℃），

在烤盘内铺上垫纸，再放好蛋糕圈备用。

2）将鸡蛋、白糖及细盐一起放在搅拌桶内，用搅拌机搅打至完全膨松，加入草莓果酱，用中速稍加搅打。

3）将低筋粉和玉米淀粉一起过筛，然后慢慢地加到搅拌桶内，并搅拌均匀，再加入生菜油和脱脂牛奶，混合拌匀。

4）将搅拌好的物料装入备用的蛋糕圈内，进烤箱烘烤。

5）约烤40分钟，至蛋糕完全熟透时取出，趁热覆在蛋糕板上，冷透后即可食用。

 樱桃海绵蛋糕训练

图 7.8　樱桃海绵蛋糕

樱桃海绵蛋糕如图 7.8 所示。

（1）原料

糖渍樱桃 120 克，鸡蛋 570 克，白糖 270 克，低筋粉 300 克，生菜油 60 克，脱脂牛奶适量。

（2）用具

粉碎机或斩刀，搅拌桶，筛子，量杯，垫纸，蛋糕圈，蛋糕板。

（3）制法

1）预热烤箱至 175℃（或上火 170℃、下火 160℃），在烤盘内铺上垫纸，再放上蛋糕圈备用。

2）将糖渍樱桃用粉碎机或用斩刀剁成碎末备用。

3）将鸡蛋和白糖一起放在搅拌桶内，用搅拌机搅打至泛白并成厚乳沫状。

4）将面粉过筛后，细心地拌入搅拌桶，并依次加入备用糖渍樱桃碎末、生菜油及脱脂牛奶，全部混合以后，将其装入备用的蛋糕圈内，进烤箱烘烤。

5）约烤35分钟，至完全熟透时取出，趁热覆在蛋糕板上，冷透后即可食用。

 香蕉海绵蛋糕训练

香蕉海绵蛋糕如图 7.9 所示。

（1）原料

鸡蛋 500 克，白糖 300 克，香蕉果酱 100 克，生菜油 50 克，低筋粉 200 克，玉米淀粉 100 克，脱脂牛奶适量。

（2）用具

搅拌盆，搅拌桶，量杯，筛子，垫纸，蛋糕圈，蛋糕板。

图 7.9　香蕉海绵蛋糕

（3）制法

1）预热烤箱至 170℃（或上火 175℃、下火 160℃），在烤盘内铺上垫纸，再放上蛋糕圈备用。

2）将鸡蛋的蛋白、蛋黄分离，分装在两只搅拌盆内备用。

3）将蛋黄和一半的白糖放入搅拌桶内，用搅拌机搅打至泛白并成浓厚乳沫状，依次加入香蕉果酱、生菜油、筛过的面粉和玉米淀粉，以及脱脂牛奶，并不停地搅打，匀透备用。

4）将蛋白和另一半白糖放入搅拌桶内，搅打成硬性泡沫状，混入蛋黄混合物，并搅打均匀，装入备用的蛋糕圈内，顺势抹平表面，进烤箱烘烤。

5）约烤 40 分钟，至蛋糕完全熟透时取出，覆在蛋糕板上，冷透后即可食用。

 芒果海绵蛋糕训练

芒果海绵蛋糕如图 7.10 所示。

（1）原料

鸡蛋 600 克，芒果果酱 60 克，溶化的白脱油 60 克，低筋粉 150 克，脱脂牛奶适量，白糖 150 克。

（2）用具

搅拌盆，搅拌桶，量杯，筛子，垫纸，蛋糕圈，蛋糕板。

（3）制法

1）将烤箱预热至 170℃（或上火 170℃、下火 160℃），烤盘内铺上垫纸，再放上蛋糕圈备用。

图 7.10　芒果海绵蛋糕

2）将鸡蛋的蛋黄、蛋白分开，盛放在两只搅拌盆内备用。

3）将蛋黄放入搅拌桶内，用搅拌机搅打至泛白，加入芒果果酱和溶化的白脱油，继续搅打匀透，再放入低筋粉打匀，最后加入适量脱脂牛奶拌匀。

4）将蛋白和白糖放在另一搅拌桶内，搅打至软性泡沫状时，拌入蛋黄混合物，拌和匀透，装入备用的蛋糕圈内，进烤箱烘烤。

5）约烤 40 分钟，至蛋糕完全熟透时取出，覆在蛋糕板上，冷透后即可食用。

参考文献

贾英民. 2007. 食品微生物学. 北京：中国轻工业出版社.

李子厚. 1984. 西餐烹饪知识. 北京：中国旅游出版社.

牛铁柱，张仁庆. 2007. 健康饮食技巧. 北京：中国社会出版社.

牛铁柱. 2010. 挑战百岁不是梦. 北京：中国社会出版社.

牛铁柱. 2010. 新烹调工艺学. 北京：机械工业出版社.

商业部教材编写委员会. 1989. 烹饪原料学. 北京：中国商业出版社.

职业技能鉴定教材编写委员会. 1995. 中式烹调师. 北京：中国劳动社会保障出版社.

附 录

一、西餐宴会菜单英汉对照

1. 冷菜（cold dish）

中 文	英 文	中 文	英 文
火腿沙拉	ham salad	鸡脯沙拉	chicken-breast salad
鸡丝沙拉	shredded chicken salad	鸡蛋沙拉	egg salad
鱼片沙拉	fish salad	虾仁沙拉	shrimp salad
大虾沙拉	prawn salad	蟹肉沙拉	crab salad
蔬菜沙拉	vegetable salad	黄瓜沙拉	cucumber salad
奶油黄瓜沙拉	cucumber salad with cream	甜菜沙拉	beetroot salad
红菜头沙拉	beetroot salad	沙拉酱	salad dressing; mayonnaise
西红柿黄瓜沙拉	cucumber salad with tomato		
冷什锦肉	cold mixed meat	冷肉拼香肠	cold meat and sausage
冷火腿蔬菜	cold ham with vegetables	什锦肉冻	mixed meat jelly
肝泥	mashed liver; live paste	冷烤羔羊腿	cold roast lamb leg
冷烤牛肉	cold roast beef	冷烤里脊	cold roast fillet
牛肝泥	mashed ox liver; ox liver paste	冷茶肠	cold sausage
牛脑泥	mashed ox brain; ox brain paste	冷烤猪肉	cold roast pork
冷烩茶肠	cold stewed sausage		
茄汁烩鱼片	stewed fish slices with tomato sauce	鸡蛋鲱鱼泥子	minced herring with eggs
鸡蛋托鲱鱼	herring on eggs	熏鲱鱼	smoked herring
熏鲤鱼	smoked carp	沙丁油鱼	sardines
鱼肉冻	fish jelly	酿馅鱼	stuffed fish
红鱼子酱	red caviar	黑鱼子酱	black caviar
大虾泥	minced prawns	蟹肉泥	minced crab meat
鸡肉冻	chicken jelly; chicken in aspic	鸡肉泥	minced chicken meat; chicken paste
鸡肝泥	minced chicken liver; chicken liver paste	鸭肝泥	minced duck liver; duck liver paste

续表

中　文	英　文	中　文	英　文
酿馅鸡蛋	stuffed eggs	奶酪酿馅鸡蛋	stuffed eggs with cheese
酿馅鸡	stuffed chicken	冷烤油鸡蔬菜	cold roast chicken with vegetables
冷烤火鸡	cold roast turkey	冷烤山鸡	cold roast pheasant
冷烤野鸡	cold roast pheasant	冷烤鸭	cold roast duck
冷烤野鸭	cold roast wild duck	烤鸭冻粉	roast duck jelly
冷烤鹅	cold roast goose	冷烤野鹅	cold roast wild goose
什锦蔬菜	assorted vegetables	红烩茄子	stewed egg-plant brown sauce
酿青椒	stuffed green pepper	酿西红柿	stuffed tomato
酸蘑菇	sour mushrooms	酸黄瓜	sour cucumbers; pickled cucumbers
泡菜	pickled cabbage; sour and sweet cabbage		

2. 热小菜 (appetizers)

中　文	英　文	中　文	英　文
奶油烩香肠	stewed sausage with cream	红烩灌肠	stewed sausage with brown sauce
红酒汁烩腰花	stewed kidney with red wine; kidney with red wine	奶油烩腰花	stewed kidney with cream; kidney with cream
奶油汁煎牛肝	fried liver with cream sauce; liver with cream sauce	鸡蛋汁煎鲱鱼	fried herring with egg sauce
奶酪口蘑烤鱼	fish au gratin	奶酪口蘑烤蟹肉	crab meat au gratin
清煎鸡蛋	fried eggs	奶油奶酪口蘑烤蟹肉	crab meat au gratin with cream
火腿煎蛋	fried eggs with ham; ham and eggs	菜花沙蛋	cauliflower omelette/omelet
火腿蛋	fried eggs with ham; ham and eggs	咸肉煎蛋	fried eggs with bacon; bacon and eggs
香肠煎蛋	fried eggs with sausage; sausage and eggs	清炒鸡蛋	omelette/omelet
香肠炒蛋	sausage omelette/omelet	火腿炒蛋	ham omeletter/omelet
番茄炒蛋	tomato omelette/omelet		

3. 汤 (soup)

中　文	英　文	中　文	英　文
清汤	light soup; clear soup; consommé	浓汤	thick soup; potage

续表

中　文	英　文	中　文	英　文
肉汤	broth	奶油火腿汤	creamed ham soup; ham soup with cream
奶油鸡茸汤	creamed mashed chicken soup; mashed chicken soup with cream	奶油蟹肉汤	creamed crab meat soup; crab meat soup with cream
奶油口蘑蟹肉汤	creamed mushroom soup with crab meat	奶油大虾汤	creamed prawn soup; prawn soup with cream
奶油鲍鱼汤	creamed abalone soup; abalone soup with cream	奶油龙须菜汤	creamed asparagus soup; asparagus soup with cream
奶油芦笋汤	creamed asparagus soup; asparagus soup with cream	奶油菜花汤	creamed cauliflower soup; cauliflower soup with cream
奶油口蘑汤	creamed mushroom soup; mushroom soup with cream	奶油口蘑菜花汤	creamed mushroom soup with cauliflower
奶油西红柿汤	creamed tomato soup; tomato soup with cream	奶油番茄汤	creamed tomato soup; tomato soup with cream
奶油菠菜汤	creamed spinach soup; spinach soup with cream	奶油豌豆汤	creamed peas soup; peas soup with cream
牛尾汤	ox-tail soup	牛肉丸子汤	beef balls soup
牛肉蔬菜汤	beef soup with vegetables	牛肉茶	beef tea
冷牛肉茶	cold beef tea	鸡汤	chicken soup
口蘑鸡汤	chicken soup with mushrooms	番茄鸡汤	chicken soup with tomato
咖喱鸡丁汤	curry chicken cubes soup	鸡块汤	chicken chips soup
鸡杂菠菜汤	chicken giblets soup with spinach	鱼汤	fish soup
家常鱼汤	fish soup in home style	红鱼汤	fish soup with tomato
红菜汤	borsch	蔬菜汤	vegetables soup; soup with vegetables
龙须菜汤	soup with asparagus	葱头汤	onion soup
洋葱汤	onion soup	西红柿汤	tomato soup
番茄汤	tomato soup	白豆汤	white beam soup
豌豆汤	pea soup	豌豆泥汤	mashed pea soup
清汤肉饼	consomme with meat pie	面球汤	dumplings soup
通心粉汤	soup with macaroni		

4. 鱼虾 (fish and prawn)

中　文	英　文	中　文	英　文
炸桂鱼	fried mandarin fish	土豆炸桂鱼	fried mandarin fish with potatoes
番茄汁炸鱼	fried fish with tomato sauce	奶油汁炸鱼	fried fish with cream sauce

中　文	英　文	中　文	英　文
鞑靼式炸鱼	fried fish with Tartar sauce	鞑靼汁炸鱼	fried fish with Tartar sauce
清煎鲤鱼	fried carp	火腿汁煎鱼	fried fish with ham sauce
俄式煎鱼	fish a la Russia	罐焖鱼	fish a la Duchesse
罐焖桂鱼	mandarin fish a la Duchesse	火锅鱼片	fish podjarka
火锅鱼虾	fish and prawns podjarka	火锅大虾	prawns podjarka
炭烧鱼串	fish shashlik	炭烧鱼段	fish chips shashlik
铁扒桂鱼	grilled mandarin fish	铁扒比目鱼	grilled turbot
奶油汁烤鱼	baked fish with cream sauce	鱼排	fish steak
白汁蒸鱼	steamed fish with white	白酒汁蒸鱼	steamed fish with white wine
红酒蒸鱼	steamed fish with red wine	番茄汁蒸鱼	steamed fish tomato sauce
柠檬汁蒸鱼	steamed fish with lemon sauce	鸡蛋汁蒸鱼	steamed fish with egg sauce
番茄汁蘑菇蒸鱼	steamed fish with mushrooms and tomato sauce	波兰式蒸鱼	steamed fish a la Poland
土豆煮鱼	boiled fish with potatoes	黄油汁土豆煮鱼	boiled fish and potato with butter sauce
炸大虾	fried prawns	炸明虾	fried prawns
软煎大虾	soft-fried prawns	黄油汁煎大虾	fried prawns with butter sauce
罐焖大虾	prawns a la Duchesse	奶酪口蘑烤大虾	prawns au gratin
火腿奶酪炸大虾	fried prawns with ham and cheese	铁扒大虾	grilled prawns
大虾蛋奶酥	prawn souffle		

5. 素菜（vegetable dish）

中　文	英　文	中　文	英　文
奶酪口蘑烤蔬菜	vegetables au gratin	黄油菜花	cauliflower with butter
黄油杂拌蔬菜	mixed vegetables with butter	菠菜卧果	spinach with poached egg
奶油汁烤口蘑	baked mushrooms with cream sauce	黄油炒口蘑	fried mushrooms with butter
黄油炒菠菜	fried spinach with butter	黄油炒豌豆	fried peas with butter
黄油炒青豆	fried green peas with butter	炒茄泥	fried mashed egg plants
炸茄子片	fried egg-plant slices	炸番茄	fried tomato
清煎土豆饼	fried potato cake	酿馅西葫芦	stuffed bottle gourd
焖洋白菜卷	braised cabbage rolls	家常焖洋白菜卷	braised cabbage rolls
烩茄子	stewed egg plants	奶油汁烩豌豆	stewed peas with cream sauce
扁豆炒蛋	omelette/omelet with green beans	咖喱素菜	curry vegetables

6. 鸡鸭（chicken and duck）

中　文	英　文	中　文	英　文
烤鸡	roast chicken	烤油鸡	roast chicken
素菜烤鸡	roast chicken with vegetables	棒棒鸡	bon bon chicken
煎鸡	fried chicken	炸笋鸡	fried spring chicken
炸鸡	deep-fried chicken	炸鸡肉串	fried chicken shashlik
鸡肝串	chicken liver shashlik	通心粉煮鸡	boiled chicken with macaroni
奶汁煮鸡	boiled chicken with cream sauce	铁扒笋鸡	grilled spring chicken
焖鸡	braised chicken	家常焖鸡	braised chicken in home style
黄油焖鸡	braised chicken with butter	黄油焖笋鸡	braised spring chicken with butter
红焖鸡块	braised chicken chips	火锅鸡	podjarka chicken
罐焖鸡	chicken a la Duchesse	罐焖笋鸡	spring chicken a la duchesse
高加索焖鸡	chicken a la Caucasus	比利时烩鸡	Belgian stewed chicken
奶油烩鸡片	stewed chicken slices with cream	咖喱鸡饭	curry chicken with rice
细面条白汁鸡腿	chicken legs with spaghetti	鸡肉蛋奶酥	chicken souffle
烤鸭	roast duck	酸菜烤鸭	roast duck with sour cabbage
罐焖鸭	duck a la duchesse	黄油汁煎鸭肝	fried duck liver with butter sauce
烤野鸭	roast wild duck	酸菜烤野鸭	roast wild duck with sour cabbage
蔬菜烤鸡鸭	roast chicken and duck with vegetables		

7. 野味（game）

中　文	英　文	中　文	英　文
黄油焖鸽子	braised pigeon with butter; braised dove with butter	苹果汁烤火鸡	roast turkey with apple sauce
咸肉焖山猫	braised hare with bacon	山鸡串	pheasant shashlik
酸菜烤野鹅	roast wild goose with sour cabbage	烤仙鹤	roast crane
焖沙鸡	braised partridge	焖山鹑	braised partridge

8. 肉（meat）

中　文	英　文	中　文	英　文
红焖里脊	braised fillet	铁扒里脊	grilled fillet
炸里脊片	fried fillet slices	洋葱软炸里脊片	soft fried fillet slices with onion
红酒里脊	fillet with red wine	罐焖里脊	fillet a la duchesse
里脊串	fillet shashlik	火锅里脊	fillet podjarka
里脊扒	fillet steak	鸡蛋里脊扒	fillet steak with egg

中　文	英　文	中　文	英　文
口蘑汁里脊扒	fillet steak with mushroom sauce	奶油口蘑里脊丝	fillet a la stroganoff
咖喱里脊丝	curry shredded fillet	牛肉扒	beef steak
牛肉扒托蛋	beef steak with egg	鸡蛋牛肉扒	beef steak with egg
葱头牛肉扒	beef steak with onion	蔬菜牛肉扒	beef steak with vegetables
汉堡牛排	Hamburg steak；hamburger	德式牛肉扒	Hamburg steak；hamburger
德式鸡蛋牛肉扒	Hamburg steak with egg	德式牛肉扒蛋	Hamburg steak with egg
法式牛肉扒	French steak	罗马尼亚式牛肉扒	Rum steak
奶油口蘑牛肉丝	beef a la Stroganoff	番茄汁奶油口蘑牛肉丝	beef a la Stroganoff with tomato sauce
什锦汁牛肉丸子	beef balls with mixed sauce	牛肉丸子米饭	beef balls with rice
咖喱牛肉	curry beef	咖喱牛肉米饭	curry beef with rice
蔬菜烤牛肉	roast beef with vegetables	铁扒牛肉片	grilled beef slices
面条烩牛肉	stewed beef with noodles	焖牛肉	braised beef
焖小牛胸口	braised veal breast	酿馅小牛胸口	stuffed veal breast
炸小牛肉片	fried veal slices	土豆泥煎小牛排	fried veal chop with mashed potato
煎小牛肝	fried veal liver	小牛肉串	veal shashlik
炸牛腰子	fried ox kidney	炸牛脑	fried ox brain
蔬菜炸牛脑	fried ox brain with vegetables	炸牛舌	fried ox tongue
焖牛舌	braised ox tongue	家常焖牛舌	braised ox tongue in home style
罐焖牛舌	ox tongue a la duchesse	土豆烧牛肉	goulash
烤叉烧	barbecued pork	黄油焖羊肉	braised mutton with butter
蔬菜炸羊排	fried mutton chop with vegetables	炸羔羊腿	fried lamb leg
烤羔羊腿	roast lamb leg	黄油焖羔羊腰子	braised lamb kidney with butter
羊肉串	mutton shashlik	羔羊肉串	lamb shashlik
清煎猪排	natural fried pork chop	炸猪排	fried pork chop
干葱头煎猪肝	fried pork liver with dry onion	烤猪肉	roast pork
奶油烩杂拌肉	stewed mixed meat with cream	奶油烩香肠	stewed sausage with cream

9. 通心粉（macaroni）

中　文	英　文	中　文	英　文
番茄汁炒通心粉	fried macaroni with tomato sauce	黄油炒通心粉	fried macaroni with butter
鸡肉火腿炒通心粉	fried macaroni with chicken and ham	大虾鸡蛋炒通心粉	fried macaroni with prawns and eggs
意式面条	spaghetti	鸡肉火腿炒面	fried spaghetti with chicken and ham
鸡丝番茄炒面	fried spaghetti with shredded chicken and tomato	大虾肉炒面	fried spaghetti with prawn and meat
大虾番茄炒面	fried noodles with prawn and tomato	大虾番茄烤面条	baked noodles with prawn and tomato

10. 粥（porridge）

中　文	英　文	中　文	英　文
牛奶大米粥	rice porridge with milk	麦片粥	oatmeal porridge

11. 炒饭（fried rice）

中　文	英　文	中　文	英　文
肉末炒饭	fried rice with minced meat	什锦炒饭	fried rice with mixed meat
番茄鸡丁炒饭	fried rice with tomato and chicken cubes	鸡蛋炒饭	fried rice with eggs
鱼丁炒饭	fried rice with chopped fish	大虾炒饭	fried rice with prawns
黄油炒饭	fried rice with butter		

12. 面包（bread）

中　文	英　文	中　文	英　文
面包	bread	面包干	rusk
磨牙面包干	teething rusk	面包屑	bread crumbs; crumbs
面包渣儿	bread crumbs; crumbs	新烤的面包	freshly baked bread
不新鲜的面包	stale bread	陈面包	stale bread
未烤透的面包	soggy bread	受潮的面包	soggy bread
水泡的面包	soggy bread	佐餐面包	loaf
面包片	sliced bread; slice of bread	一片面包	a slice of bread
烤面包片	toast	奶酪烤面包片	cheese toast
无黄油烤面包片	dry toast	抹黄油的面包	bread and butter
面包抹黄油	bread and butter	黄油面包	butter bread
无黄油面包	dry bread	白面包	white bread
黑面包	black bread; brown bread; rye bread	裸麦面包	rye bread
粗裸麦面包	pumpernickel	自然发酵面包	self-rising bread
死面面包	unleavened bread	姜饼	ginger bread
法式面包	French bread	小圆面包	bun
小甜面包	bun	奶油面包	cream bun
果酱面包	jam bun	红肠面包	hot dog
热狗	hot dog	面包卷	roll
奶酪面包卷	cheese roll	咖啡面包卷	coffee roll
羊角面包	crescent-shaped roll; crescent; croissant	牛角面包	crescent-shaped roll; crescent; croissant
法式小面包	French roll	油炸面包丁	croutons
三明治	sandwich	夹肉面包	sandwich
火腿三明治	ham sandwich	香肠三明治	sausage sandwich
杂肉三明治	mixed meat sandwich	鸡肉三明治	chicken sandwich
总会三明治	club sandwich	奶酪三明治	cheese sandwich
炒蛋三明治	omelette/omelet sandwich		

13. 馅饼（pie）

中　文	英　文	中　文	英　文
馅饼	pie	饼	pie
排	pie	派	pie
小馅饼	patty	肉馅饼	meat pie; patty
牛肉馅饼	hamburger patty; hamburger	汉堡包	hamburger patty; hamburger
薄荷糕	pepper mint patty	苹果饼	apple pie; apple tart
苹果排	apple pie; apple tart	苹果馅饼	apple pie; apple tart
水果馅饼	fruit pie; fruit flan	果馅饼	tart; flan
巧克力馅饼	chocolate pie	巧克力饼	chocolate pie
巧克力排	chocolate pie	柠檬饼	lemon pie
柠檬排	lemon pie	香蕉饼	banana pie
香蕉排	banana pie	奶昔饼	milk curd pie
奶昔排	milk curd pie	法式甜馅饼	French pastry

14. 肉饼（cutlet）

中　文	英　文	中　文	英　文
牛肉饼	minced beef cutlet	清煎小牛肉饼	natural fried veal cutlet
蔬菜猪肉饼	minced pork cutlet with vegetables	土豆泥拌肉饼	minced meat cutlet with mashed potatoes
葱头肉饼	meat cutlet with onion	奶酪口蘑烤鸡排	chicken cutlet au gratin
炸鸡排	fried chicken cutlet	炸鸡肉饼	fried minced chicken cutlet
蔬菜鸡肉饼	chicken cutlet with vegetables	土豆泥清煎鸡肉饼	fried chicken cutlet with mashed potatoes
炸鱼肉饼	fried fish cutlet	炸鱼虾饼	fried fish and prawn cutlet

15. 饼卷（pancake roll）

中　文	英　文	中　文	英　文
肉馅煎饼卷	fried pancake roll with meat filling	炸口蘑鸡卷	fried chicken roll with mushrooms
炸奶酪鸡卷	fried chicken roll with cheese	炸龙虾鸡肝卷	fried lobster roll with chicken liver
炸奶酪虾卷	fried prawn roll with cheese	炸口蘑虾卷	fried prawn roll with mushrooms
炸鸭肝馅虾卷	fried prawn roll with duck liver filling	炸枣咸肉卷	fried bacon roll with dates
烤火腿鸭卷	roast duck roll with ham	香肠肉卷	sausage roll
奶油卷	cream roll	鸡蛋卷	crispy egg roll; egg roll
蛋卷	egg roll	果酱鸡蛋卷	egg roll with jam

16. 布丁（pudding）

中　文	英　文	中　文	英　文
布丁	pudding	葡萄干布丁	raisin pudding
牛奶布丁	milk pudding	黄油布丁	butter pudding
面包布丁	bread pudding	水果面包布丁	fruit and bread pudding
大米布丁	rice pudding	奶蛋饼布丁	custard pudding
煎白兰地布丁	fried brandy pudding		

17. 饭后甜食（dessert）

中　文	英　文	中　文	英　文
饭后甜食	dessert	甜食	dessert
甜点心	dessert	炸果饼	fritter
炸苹果饼	apple fritter	蛋奶酥	souffle
苹果蛋奶酥	apple souffle	奶酪蛋奶酥	cheese souffle
水果冻	fruit jelly	果冻	fruit jelly
菠萝冻	pineapple jelly	巧克力冻	chocolate jelly
奶油可可冻	chocolate jelly	松糕	trifle
松饼	puff pastry	可可松饼	cocoa puff
奶油松饼	cream puff	奶蛋饼	custard
烩蜜桃	stewed peach	烩杏	stewed apricot
烩梨	stewed pear	烩蜜枣	stewed dates
鲜水果沙拉	fresh fruit salad	蜜桃沙拉	peach salad
菠萝沙拉	pineapple salad	橘子沙拉	orange salad

二、西点

1. 原料（raw stuff）

中　文	英　文	中　文	英　文
面粉	flour	砂糖	sugar
鸡蛋	egg	白脱油	butter
预拌粉	pre-mixer flour	人造奶油	margarine
猪油	lard	色拉油	salad
鲜奶油	fresh cream	鲜牛奶	fresh milk
大米	rice	西米	sago
藕粉	arrow root	巧克力	chocolate
米仁	barley	奶粉	milk powder

续表

中　文	英　文	中　文	英　文
冰蛋	frozen egg	碎米粉	ground rice
酵母	yeast	面包粉	bread crumb
发粉	baking powder	蛋糕乳化剂	sponge cake emulsifier

2. 辅料（other ingredients）

中　文	英　文	中　文	英　文
罐装牛奶	tin milk	方糖	cake sugar
糖粉	icing sugar	蜜糖	honey
果酱	jam	明胶片	gelatine
乳酪	cheese	可可粉	gelatine
香草精	vanilla	咖啡香水	coffee essence
柠檬酸	lemon essence	醋精	vinegar esseive
五香粉	spice	肉桂粉	cinnamon
玫瑰色素	rose color	橘黄色素	orange color
紫红色素	mauve color	葡萄酒	porto wine
香槟	champagne	朗姆酒	rum
白兰地	brandy	红酒	claret
薄荷酒	peppermint	栗子	chestnut
花生	peanut	松子	pine seed
葡萄干	raisin	核桃	walnut
榛子	hazel nut	椰子	coconut
生姜	ginger	青梅	honey green plum
冬瓜糖	honey marrow	蜜枣	honey date
红枣	date	黑枣	smoked date
糖橘饼	honey orange dried	苹果	apple
香蕉	banana	杏子	apricot
樱桃	cherry	紫葡萄	grape
柠檬	lemon	芒果	mango
草莓	strawberry	桃子	peach
桑子	raspberry	西瓜	water melon
哈密瓜	casaba	香瓜	cantaloup
木瓜	papaya	菠萝	pineapple

作者简介

一、牛铁柱介绍

性别：男　民族：汉　年龄：56 岁。

学历：大专　工龄：39 年（大专教学 23 年、专业实践 36 年）

职称：副教授、高级技师。

原劳动部颁发：营养师、高级配餐员证书。

中国名店名厨委员会颁发：《世界（中国）烹饪大师》证书等。

兼任：餐饮业国家职业技能鉴定专家委员会西委副秘书长、中华人民共和国绿色饭店国家级注册评审员、国家职业技能鉴定高级考评员、全国餐饮业一级评委、中烹协西餐委副秘书长、中国西网顾问；中国烹饪协会和中国饭店协会天津饭店协会历届烹饪大赛裁判、原国家教委全国中职烹饪大赛裁判、天津教委中职烹饪大赛裁判；中国食文化丛书高级编委、天津立达食品有限公司新食品开发顾问、天津养老院营养菜肴开发顾问、天津百饺园公司生产制作中心技术顾问等。

职务：天津青年职业学院烹饪工艺与营养研究所所长。

交流电话：13820385628。

邮箱：ntz1956@126.com。

研究方向：营养食品开发和校企合作新模式。

所获荣誉：

2000 年获得天津市人民政府颁发"烹饪大师"证书及"水晶石奖"；

2008 年获得中共天津市委市级机关颁发"优秀共产党员"称号；

2008 年获得中国食文化丛书编委会颁发"杰出贡献奖"；

2010 年获得中国饭店协会颁发"中国烹饪大师卓越成就奖"；

2010 年获得中国教育改革研究会颁发"全国教育改革优秀教师"称号；

2011 年获得中国烹饪协会颁发指导学生"创新菜肴最具营养奖"。

二、林粤介绍

性别：男　民族：汉。

职务：豪享来餐饮有限公司行政总厨兼研发部主管，豪享来餐饮有限公司营运管理团队核心成员。

职称：高级烹调师、中国烹饪大师、东北烹调大师，首届关东美食节两金得主。

兼任：餐饮业国家职业技能鉴定专家委员会西委副主任，北方厨艺协会理事，全国

餐饮业评委等职务。
邮箱：326677295@qq.com。
交流电话：13828621087。

三、周桂禄介绍

性别：男　民族：汉。
职务：北京京瑞大厦总经理。

职称：高级烹调师。
兼任：中国旅游饭店业　　　　　星评员
　　　中国饭店协会　　　　　　评　委
　　　中国民间文化艺术友好促进会　副会长
　　　中国榜书艺术研究会　　　　副主席
交流电话：13910586845。